AF640527

Medizintechnik, Informationstechnik, Ökonomie
in Krankenhaus und Praxis 5

Medizintechnik, Informationstechnik, Ökonomie
in Krankenhaus und Praxis 5

Röntgen-Strahler

von
Ingrid Maßwig

Walter de Gruyter
Berlin · New York 1986

Ingrid Maßwig, Dipl.-Ing.
GSD Gesellschaft für Systemforschung und Dienstleistungen
im Gesundheitswesen mbH
Facheinheit Technisches Krankenhausservice- und Beratungsinstitut (tkb)
Stauffenbergstraße 13-14
1000 Berlin 30

Die GSD ist eine Eigengesellschaft des Landes Berlin.
Aufsichtsratsvorsitzender: Staatssekretär a.D. Gerhard Naulin
Geschäftsführer: Dipl.-Kfm. Hansjürgen Meyer

Redaktion: U. Silz
Grafiken und Layout: S. Grunenberg, M. Ley, L.-O. Walter

Für die fachliche Beratung, Unterstützung und Mitarbeit bedanken wir uns bei: Dr. Dr. med. G. Brill (Leiter der Abt. Medizintechnik, Universitätskliniken Homburg/Saar), Prof. Dr. med. R. Felix (Geschäftsführender Direktor der Abt. Radiologie mit Poliklinik, Universitätsklinikum Charlottenburg, Berlin) Prof. Dr.-Ing. D. Frost (Leiter der Abt. Medizinische Physik, Rudolf-Virchow-Krankenhaus, Berlin), Dipl.-Betriebswirt R. Kewitz (Koordinator des medizintechnischen Geräteservice und Einkäufer des medizintechnischen Bedarfs, Rudolf-Virchow-Krankenhaus, Berlin), R. A. Krause (Med.-Physiker der Abt. Medizinische Physik, Rudolf-Virchow-Krankenhaus, Berlin), Dr. med. J. Scheer (Berlin), Dr. med. R. Schmiedel (Senatsverwaltung für Gesundheit und Soziales, Berlin), Dipl.-Ing. F. Walther (Berlin), Dipl.-Ing. M. Wolf (Berlin).

Unser Dank richtet sich ferner an die Hersteller und ihre Vertriebsfirmen, deren freundliche Unterstützung die vorliegende Veröffentlichung ermöglichte.

Die Bände 1-4 sind unter dem Reihentitel „Medizintechnik in Krankenhaus und Praxis" erschienen.

CIP-Kurztitelaufnahme der Deutschen Bibliothek

Maßwig, Ingrid:
Röntgen-Strahler / von Ingrid Maßwig. – Berlin ;
New York : de Gruyter, 1986.

(Medizintechnik, Informationstechnik, Ökonomie
in Krankenhaus und Praxis ; 5)
ISBN 3-11-010252-8

NE: GT

© Copyright 1986 by Walter de Gruyter & Co., Berlin 30. Alle Rechte, insbesondere das Recht der Vervielfältigung und Verbreitung sowie der Übersetzung, vorbehalten. Kein Teil des Werkes darf in irgendeiner Form (durch Photokopie, Mikrofilm oder ein anderes Verfahren) ohne schriftliche Genehmigung des Verlages reproduziert oder unter Verwendung elektronischer Systeme verarbeitet, vervielfältigt oder verbreitet werden. Printed in Germany.

Die Wiedergabe von Gebrauchsnamen, Handelsnamen, Warenbezeichnungen und dergleichen in diesem Buch berechtigt nicht zu der Annahme, daß solche Namen ohne weiteres von jedermann benutzt werden dürfen. Vielmehr handelt es sich häufig um gesetzlich geschützte, eingetragene Warenzeichen, auch wenn sie nicht eigens als solche gekennzeichnet sind.

Satz: Fotosatz Gleißberg & Wittstock, Berlin
Druck: Karl Gerike GmbH, Berlin
Bindung: D. Mikolai, Berlin
Umschlaggestaltung: R. Hübler/L.-O. Walter, Berlin

Vorwort

Der vorliegende Band 5 der neu konzipierten Schriftenreihe „Medizintechnik, Informationstechnik, Ökonomie in Krankenhaus und Praxis" bietet eine vergleichende Übersicht der auf dem deutschen Markt angebotenen Röntgenstrahler und ihrer Ersatzröhren für den stationären Einsatz. Der Band ist die unmittelbare Ergänzung des unter dem bisherigen Reihentitel „Medizintechnik in Krankenhaus und Praxis" erschienenen vierten Geräte- und Systemvergleichs Röntgeneratoren.

Der Reihentitel ist erweitert worden, um einen größeren Leserkreis in Krankenhaus und Praxis anzusprechen und um die Forschungs- und Entwicklungsarbeit anderer Arbeitsbereiche der GSD Gesellschaft für Systemforschung und Dienstleistungen im Gesundheitswesen mbH, – insbesondere des Krankenhausrechnungswesens, der Informationssysteme für das Krankenhaus sowie der Medizinökonomie und -soziologie – einer breiteren Öffentlichkeit zugänglich zu machen.

Hinsichtlich des Arbeitsbereiches Medizintechnik soll die Kontinuität medizintechnischer Geräte- und Systemvergleiche erhalten bleiben. So ist dies bereits die dritte Veröffentlichung des Funktionsbereichs Radiologische Geräte und Bildgebende Systeme. Dadurch wurde es möglich, die medizinischen und technischen Grundlagen sowie die Kapitel zur Sicherheit und Inspektion von Röntgenstrahlern zusammenzufassen und auf die umfassende Darstellung in bereits erschienenen Veröffentlichungen der Schriftenreihe zu verweisen.

Auch hier wurden die vorgestellten Entscheidungshilfen und technisch-physikalischen Kenndaten sowie die Hinweise zum Strahlenschutz und sicheren Einsatz der Geräte auf der Grundlage eines in den letzten Jahren dank der Förderung des Bundesministers für Forschung und Technologie erfolgreich erprobten Arbeitskonzeptes gemeinsam von Ärzten verschiedener Fachrichtungen, Physikern, Ingenieuren, Kaufleuten, Krankenhausfachleuten und medizinisch-technischen Röntgenassistentinnen entwickelt. Die systematische Darstellung entscheidungsrelevanter Zusammenhänge auf der Grundlage eines im interdisziplinären Dialog erstellten Profils von technisch-physikalischen Kennwerten erleichtert jedem Krankenhaus eine zweckmäßige und wirtschaftliche Ausstattung des Röntgen-Arbeitsplatzes.

Um der Komplexität der Röntgen-Arbeitsplätze und dem umfangreichen Marktangebot gerecht zu werden, sind die folgenden Marktübersichten erschienen bzw. geplant:

- Fahrbare Röntgen-Aufnahmegeräte (Bd. 2)
- Röntgengeneratoren (Bd. 4)
- Röntgenstrahler (Bd. 5)
- Fahrbare und chirurgische Röntgen-Durchleuchtungsgeräte (in Bearbeitung)

Die Geräte- und Systemvergleiche sollen in erster Linie eine Hilfe für Investitionsentscheidungen im Krankenhaus sein. Die Schriftenreihe kann diese Entscheidungen aber weder standardisieren noch ersetzen, da in jedem Fall die Besonderheiten der jeweiligen Einsatzsituation berücksichtigt werden müssen, sie soll vielmehr einen Dialog zwischen allen am Entscheidungsprozeß Beteiligten ermöglichen.

Darüber hinaus ist die Veröffentlichung radiologischer Geräte- und Systemvergleiche für niedergelassene Radiologen von besonderem Interesse, da aufgrund der Richtlinien der Kassenärztlichen Bundesvereinigung langfristig die Anschaffung neuer Geräte ansteht (vgl. Anhang III).

Die Gerätedaten geben die von den Herstellern überprüften Werte ohne Gewähr an. Um laufende Änderungen des Marktangebots und Erfahrungen der klinischen Routine zu berücksichtigen, bedarf es einer ständigen Fortschreibung der Schriftenreihe; eine aktualisierte Neuauflage der Berichte ist also zu gegebener Zeit erforderlich. Daher sind wir dankbar, wenn wir in unserer Arbeit durch Ergänzungen und Anregungen unterstützt werden.

Berlin, Mai 1986

GSD Gesellschaft für Systemforschung und Dienstleistungen im Gesundheitswesen mbH

Inhaltsübersicht

1
Aufbau und Auswahlkriterien

1.1 Aufbau

Jede Röntgenanlage besteht im Grundsatz aus folgenden Systemelementen (Abb. 1.1):

- Anwendungsgerät (Untersuchungstisch, Stativ, usw.) zur Lagerung des Patienten
- Röntgengenerator zur Bereitstellung der erforderlichen Betriebsspannungen und Aufnahmeströme einschließlich der Regeleinrichtungen für die vorgenannten Komponenten
- Röntgenstrahler zur Erzeugung der Röntgenstrahlen
- Bildwandler, um das Röntgenschattenbild in ein sichtbares Bild umzuwandeln (z. B. Aufnahmekassette mit Röntgenfilm, Röntgenbildverstärker)

Während Band 4 der Schriftenreihe die auf dem deutschen Markt befindlichen Röntgengeneratoren vorgestellt hat, bietet der vorliegende Band die unmittelbare Ergänzung: das Marktangebot der Röntgenstrahler und ihrer Ersatzröhren.

Ein Röntgenstrahler besteht aus zwei Teilen (DIN 6814, Bl. 6): der Röntgenröhre und dem Schutzgehäuse. Das Schutzgehäuse ist die dem Strahlenschutz, der Kühlung und dem Hochspannungsschutz dienende Umhüllung der Röntgenröhre (Abb. 1. 2).

Wenn ein Röntgenstrahler defekt ist, braucht im allgemeinen nur die Röhre und nicht das Schutzgehäuse ersetzt zu werden. Es besteht die Möglichkeit, eine Röhre mit unterschiedlichen Gehäusetypen zu kombinieren, von denen es viele Bauarten und Ausführungsformen gibt. Daraus resultiert die große Anzahl unterschiedlicher Röntgenstrahler.

In den vergleichenden Gerätedatenlisten sind die angegebenen Varianten einzeln aufgeführt, soweit sie von den Herstellern bekanntgegeben wurden.

Die im vorliegenden Band vorgestellten Röntgenstrahler sind ausschließlich mit Drehanodenröhren ausgerüstet (Abb. 1.3 und 4.6; zur Festanodenröhre vgl. Bd. 4).

Die Drehanode gleicht einem Teller mit abgeschrägtem Rand. Der Tellerwinkel bestimmt zum einen das ausleuchtbare Bildformat und zum anderen die thermische Belastbarkeit des Brennflecks (vgl. Gerätedaten). Über eine Welle ist der Anodenteller fest mit dem rotierenden

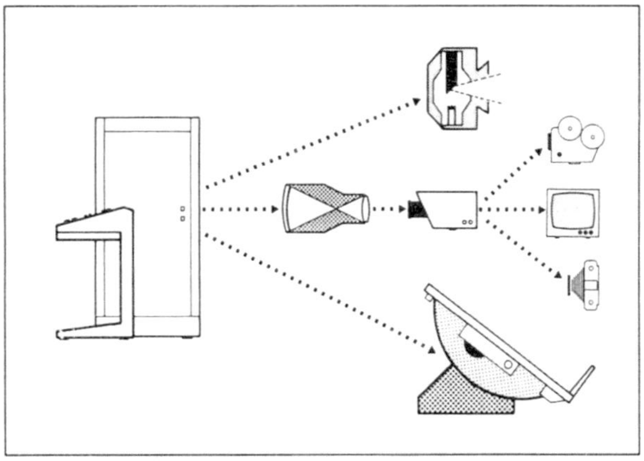

Abb. 1.1 Systemelemente einer Röntgenanlage

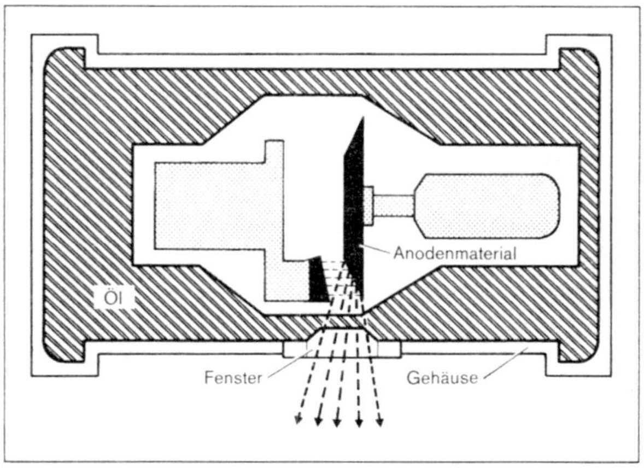

Abb. 1.2 Aufbau eines Röntgenstrahlers

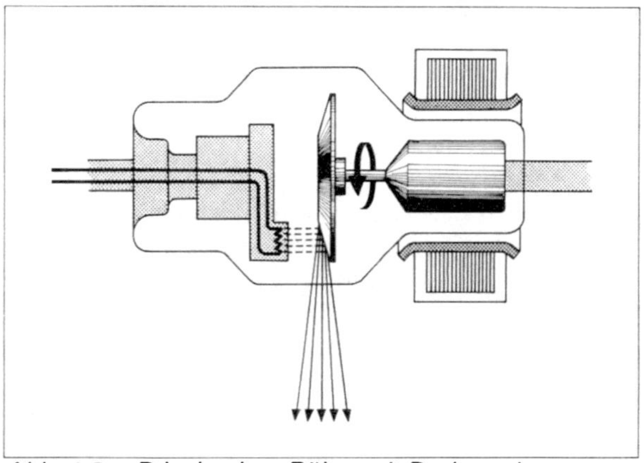

Abb. 1.3 Prinzip einer Röhre mit Drehanode

Teil des Motors verbunden. Dieser Rotor wird während der Belastung der Röhre in Drehungen versetzt, indem im feststehenden Teil des Motors, dem Stator, ein Drehfeld erzeugt wird.

In der Röntgenröhre werden die Röntgenstrahlen dadurch erzeugt, daß Elektronen mit hoher Geschwindigkeit auf die Anode treffen und abgebremst werden. Die kinetische Energie wird in Wärme- und Strahlungsenergie umgewandelt.

Die von der Anode abgestrahlte Wärme wird zum einen durch das Glasgehäuse der Röhre, zum anderen durch das Öl des Schutzgehäuses absorbiert. Von dort wird sie an die Umgebungsluft abgestrahlt.

1.2 Auswahlkriterien

Überlegungen zur Auswahl einer Röntgenröhre werden zum einen anläßlich einer Neuanschaffung, zum anderen bei der Beschaffung von Ersatzröhren notwendig. Der Anschaffungspreis eines kompletten Strahlers, d. h. der Röhre einschließlich des zugehörigen Gehäuses, liegt je nach Fabrikat und Röhrentyp zwischen 10 210,– und 50 220,– DM. Diese Preisspanne gilt auch für das Spektrum der Ersatzstrahler.

Neben der Anodenart sind folgende Kennwerte für die bildgebenden Eigenschaften und die Belastbarkeit der Röntgenröhre wesentlich:

- Anodenmaterial und -masse
- Anodenwinkel
- Kurzzeit-Nennleistung
- Brennfleckgröße

Die Qualität der heute angebotenen Anodenmaterialien, meist Legierungen aus Rhenium, Wolfram und Molybdän, kann als ausgereift angesehen werden. Die Unterschiede in der Herstellung der Anodenteller sollten daher nicht als primäres kaufentscheidendes Kriterium herangezogen werden. Lediglich der Hochleistungseinsatz einer Röntgenröhre, beispielsweise in der Angiographie oder Computer-Tomographie, stellt extreme Anforderungen an die Elastizität und thermische Belastbarkeit des Anodenmaterials (vgl. Kap. 4.3).

Der Anodenwinkel steht in Zusammenhang mit unterschiedlichen Kennwerten der Röntgenröhre, wie beispielsweise der Brennfleckgröße und damit der Belastbarkeit der Röhre. Handelsübliche Röhren verwenden Winkel zwischen 10 und 20 ° (vgl .Kap. 2.2 und 4.2).

Die Kurzzeit-Nennleistung ergibt sich aus der maximalen Belastbarkeit der Anode und steht in engem Zusammenhang mit der jeweiligen Brennfleckgröße: Je kleiner der Brennfleck ist, desto schärfer werden die Röntgenbilder. Dafür muß andererseits eine geringere Belastbarkeit der Röhre in Kauf genommen werden. Der jeweilige Einsatzzweck bestimmt den jeweils günstigsten Kompromiß zwischen Kurzzeit-Nennleistung und Brennfleck (vgl. Kap. 3).

Auch der Anodenwinkel ist in Zusammenhang mit der Brennfleckgröße zu sehen. Er beeinflußt das ausleuchtbare Bildformat sowie die thermische Belastbarkeit des Brennflecks. Das Optimum des Verhältnisses von Anodenwinkel und Brennfleckgröße ist also ebenso anzustreben.

Umgekehrt bestimmt der Kompromiß zwischen der Belastbarkeit und folgenden Anforderungen an eine Röntgenröhre den Anwendungsbereich der Brennflecke verschiedener Größe:

- hohe geometrische Auflösung
- minimale Bewegungsunschärfe
- ausreichende Röhrenspannung
- ausreichender Strahlenkontrast bei unterschiedlichen Objekten und Fokus-Film-Abständen

Beispielsweise werden Lungenaufnahmen mit einem Fokus-Film-Abstand von ≧150 cm und kleinstmöglichen geometrischen Vergrößerungen angefertigt. Dabei sind kurze Belichtungszeiten erforderlich, um die Bewegungsunschärfe möglichst klein zu halten. Der Brennfleck hat eine Größe zwischen 1,0 und 2,0 mm.

Bei Aufnahmen der Wirbelsäule tritt immer eine Vergrößerung ein, so daß Brennflecke, die größer als 1,3 mm sind, eine störende Unschärfe bewirken, obwohl aufgrund des hohen Streustrahlenanteils (vgl. Bd. 4) feine Details mit geringen Kontrasten kaum noch dargestellt werden können. Man braucht aber Brennflecke von 1,3 mm, um bei den Aufnahmen im Abdominalbereich und der Wirbelsäule eine kurze Aufnahmezeit zu erreichen. Diese ist erforderlich, um Verwischungen der Aufnahme durch willkürliche oder unwillkürliche Bewegungen der Patienten zu vermeiden.

Für Magen-Zielaufnahmen ist eine höhere Leistung erforderlich, um die Bewegungsunschärfe (vgl. Exkurs Bildschärfe) zu verringern, d. h., daß ein großer Brennfleck erforderlich wäre (vgl. Gerätedaten). Um aber aufgrund des kleinen Fokus-Film-Abstands eine röntgengeometrische Vergrößerung zu vermeiden, darf der Brennfleck nicht zu groß gewählt werden. In der Praxis wird daher zumeist eine Schnelläuferröhre mit einem Brennfleck von ca. 0,6 bis maximal 1,2 mm gewählt.

Werden Vergrößerungen mit dem Faktor 1,4 verwendet, ist ein Brennfleck unter 0,5 mm einzusetzen. Brennflecke von 0,3 mm erreichen unter Verwendung von Verstärkerfolien (vgl. Bd. 2) einen Vergrößerungsfaktor bis zu 1,8. Sogenannte Mikrobrennflecke, die ungefähr 0,1 mm groß sind, lassen eine Leistung bis zu 3 kW zu. Mit ihnen erreicht man selbst bei Knochen- und Gefäßaufnahmen bis zu einer vierfachen Vergrößerung eine bessere Auflösung.

Drehanodenröhren mit nur einem Brennfleck werden in der Praxis meist nur in Einkesselgeneratoren (vgl. Bd. 2) eingesetzt. Die meisten Röntgenanlagen verwenden dagegen sogenannte Doppelfokusröhren. Während bei der Durchleuchtung stets der kleinere Brennfleck eingesetzt wird, da er ggf. mit Rotation die erforderliche Nennleistung zuläßt, ist es für die Aufnahme stets der größere, da die Aufnahme bei stehender Anode angefertigt wird.

Für die Durchleuchtung erweisen sich Brennflecke zwischen 0,6 und maximal 1,2 mm als opportun, sofern nicht eine Vergrößerungsdurchleuchtung notwendig wird. Je nach Einsatzbereich können diese kleinen Brennflecke auch für Röntgenaufnahmen interessant werden.

Röhren mit einer Leistung zwischen 30 und 50 kW und Brennflecken zwischen 1 und 2 mm werden zumeist bei 50 Hz betrieben. Bei einem Betrieb mit 150 Hz werden Werte von 1 mm bei 50 kW bzw. 1,3 bis 1,5 mm für 100 kW Kurzzeit-Nennleistung erreicht. Röhren mit höheren Drehzahlen als 150 Hz – z. B. 300 Hz – befinden sich derzeit noch in der Einführungsphase, werden aber mehr und mehr angeboten.

Die Wahl eines Röntgenstrahlers hinsichtlich seiner Leistungsfähigkeit muß allerdings stets im Zusammenhang mit der Dimensionierung des vorhandenen oder anzuschaffenden Generators erfolgen, um eine für den Einsatzzweck optimale Zusammenstellung der Röntgenanlage unter Berücksichtigung der angegebenen Anwendungsklasse (zum Anforderungsprofil der Anwendungsklassen vgl. Anhang III) zu gewährleisten.

In der Regel werden Röhren bei häufiger Benutzung der Anlage (vgl. Kap. 2.2) alle drei bis fünf Jahre ausgewechselt. So ist bei der Auswahl der Röntgenröhre das Angebot von Ersatzröhren zu beachten.

Man kann anhand der Ersatzröhrenlisten überprüfen, ob adäquate Röntgenröhren anderer Hersteller angeboten werden. Ist dies der Fall, sollte beim Kauf der Produkte von Fremdherstellern sichergestellt werden, wer die Wartung und die Instandhaltungsmaßnahmen der Fremdröhre übernimmt, etwa der Ersatzröhren-Hersteller oder – bei entsprechenden Voraussetzungen – ein hauseigener Medizintechniker. In jedem Fall ist es sinnvoll, sich den Nachweis der Einhaltung der gesetzlichen Vorschriften erbringen zu lassen.

Der Vorteil bei Verwendung von Fremdröhren ist der niedrigere Anschaffungspreis gegenüber den Orginalröhren. In der Praxis ist es nicht unüblich, Fremdröhren in einer Anlage zu verwenden. Die Vor- und Nachteile der Anschaffung einer Ersatzröhre sind jeweils vom Anwender zu überprüfen.

2 Belastbarkeit und Verschleiß

2.1 Belastbarkeit

Für die Lebensdauer von Röntgenstrahlern ist insbesondere die Belastbarkeit der Röntgenröhre bzw. die des Anodentellers ausschlaggebend.

Durch die Einführung der Drehanode wurden Belastbarkeit und Lebensdauer der Röntgenröhre entscheidend verbessert. Bei rotierender Anode wird jeder Punkt der Brennfleckbahn einer modernen Röhre nur ca. 3 bis 60 μs direkt belastet und hat daher eine mehrhundertfache Zeit, die entstehende Wärme während der Drehung des Anodentellers abzuführen. Innerhalb einer Sekunde vollzieht sich dieser Vorgang ca. 140 mal. Gegenüber der Festanode (vgl. Bd. 4 sowie Abb. 2.1) kann somit eine Erhöhung der Belastung je mm^2 Brennfleckfläche um das Zehn- bis Vierzigfache erreicht werden.

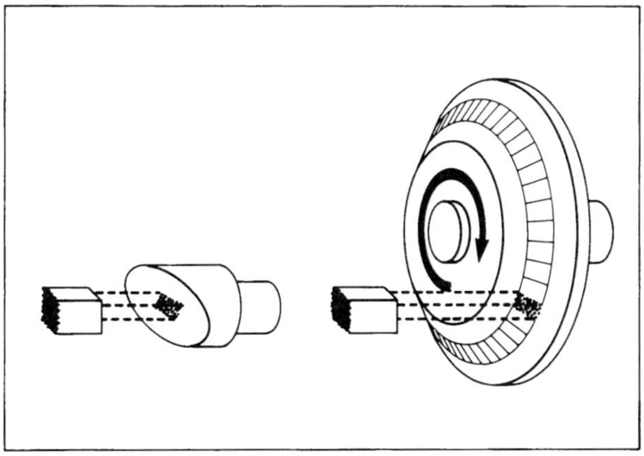

Abb. 2.1 Vergleich der Belastung von Fest- und Drehanode

Beim Einsatz der Röhre ist stets ein vernünftiger Kompromiß zwischen der optimalen Ausnutzung der Leistung und der Schonung des Materials zu suchen, um die übliche Zahl von einigen zehntausend Aufnahmen je Röhre zu erreichen.

Neben dem dabei auftretenden Verschleiß können folgende Fehlerquellen die Belastbarkeit und damit die Lebensdauer einer Röntgenröhre erheblich verkürzen:

- Materialfehler
- Herstellungsfehler
- unzulässige Überlastungen
- Defekte am Kühlsystem
- Defekte am Anodenantrieb
- Bedienungsfehler (z. B. Kaltstart)

Daneben ist die Lebensdauer der Röntgenröhre bei vorschriftsmäßigem Betrieb unter anderem von der maximalen Brennflecktemperatur während der Belastung und dem sogenannten Belastungsalter (vgl. Kap. 2.2) abhängig.

Für Einzelbelastungen läßt sich das Wärmegeschehen im Röntgenstrahler noch rechnerisch erfassen. Folgen mehrere, unterschiedliche Lasten aufeinander, sind die Wärmeverhältnisse so komplex, daß die Röhrenhersteller in diesen Fällen Werte für die zulässigen Belastungen und die erforderlichen Abkühlpausen angeben, bei deren Einhaltung die als maximal zulässig angesehene Temperatur der Anode nicht überschritten wird.

Die maximale Belastbarkeit eines Brennflecks hängt zusätzlich von der Belichtungszeit für die einzelne Aufnahme und der jeweils gewählten Betriebsart ab, wie z. B.:

- Einzelaufnahmen am Rastertisch
- Zielaufnahmen am Durchleuchtungsgerät
- Serienaufnahmen mit Filmwechsler
- Kinematographie

Über die unterschiedlichen Belastungsmöglichkeiten geben drei Herstellerangaben Aufschluß:

Angabe der Kurzzeit-Nennleistung(en)
Die Kurzzeitbelastung wird jeweils für Belichtungszeiten von ca. 1/10 s angegeben und durch die Kurzzeit-Nennleistung charakterisiert (vgl. Kap. 3).

Serienbelastungstabellen
Serienbelastungstabellen sind für den Serienbetrieb, d. h. die schnelle Folge einer größeren Anzahl von Aufnahmen gleicher Leistung und Dauer, wie sie in Verbindung mit Filmwechslern oder in der Röntgenkinematographie auftreten, angelegt.

Die Tabellen geben die Belastungsgrenzen der Röntgenröhre für unterschiedliche Einsatzzwecke an. Nachfolgende Tabellen geben Aufschluß über die unterschiedliche Darstellungsmöglichkeiten des Zusammenhangs folgender Werte:

Serienbelastungstabellen

Tabelle I

Leistung kW	Bilder pro s	Aufnahmen/Serie bei Aufnahmezeit je Einzelaufnahme von 20 ms	25 ms	32 ms	40 ms	50 ms	63 ams	80 ms	100 ms	120 ms	160 ms	200 ms	250 ms	320 ms
	12	82	60	42	30	22	16	0	0	0	0	0	0	0
	10	88	64	45	33	24	17	12	0	0	0	0	0	0
	8	97	71	50	36	26	19	13	10	0	0	0	0	0
40	6	100	80	56	41	30	21	15	11	9	0	0	0	0
	4	100	95	67	49	35	25	18	13	10	7	0	0	0
	3	100	100	76	55	40	29	20	15	11	8	6	0	0
	2	100	100	90	66	48	34	24	18	14	9	7	0	0
	1	100	100	100	88	64	46	33	24	18	12	9	6	0
	12	100	100	79	58	42	30	0	0	0	0	0	0	0
	10	100	100	86	62	45	33	23	0	0	0	0	0	0
	8	100	100	94	68	50	36	25	18	0	0	0	0	0
32	6	100	100	100	77	56	40	29	21	16	0	0	0	0
	4	100	100	100	92	67	48	34	25	19	13	9	0	0
	3	100	100	100	100	76	54	39	28	22	14	10	8	0
	2	100	100	100	100	90	65	46	33	26	17	12	9	6
	1	100	100	100	100	100	87	62	45	35	23	17	12	9

Tabelle II

Aufnahmen/Serie:		2 bis 5		6 bis 10		11 bis 15		16 bis 20		21 bis 25		26 bis 30	
Anzahl Bilder *pro s*	Aufnahmezeit *s*	kVp x mA / 1000	Kühlzeit *min*	kVp x mA / 1000	Kühlzeit *min*	kVp x mA / 1000	Kühlzeit *min*	kVp x mA / 1000	Kühlzeit *min*	kVp x mA / 1000	Kühlzeit *min*	kVp x mA / 1000	Kühlzeit *min*
1 bis 2	1/60	12	0,5	12	0,5	11	0,5	11	0,5	10	0,5	9	0,5
	1/30	12	0,5	11	0,5	11	0,5	10	0,5	9	0,5	9	0,5
	1/20	11	0,5	11	0,5	10	0,5	9	0,5	8	0,5	8	0,5
	1/10	11	0,5	10	0,5	10	0,5	9	0,5	8	0,5	7	1,0
	1/5	9	0,5	8	0,5	7	1,0	7	1,0	6	1,0	6	1,0
	1/4	7	0,5	7	0,5	6	1,0	6	1,0	5	1,0	5	1,5
2 bis 6	1/60	12	0,5	12	0,5	11	0,5	11	0,5	10	0,5	9	0,5
	1/30	11	0,5	11	0,5	10	0,5	10	0,5	9	0,5	9	0,5
	1/20	11	0,5	10	0,5	10	0,5	9	0,5	9	0,5	8	0,5
	1/10	10	0,5	10	0,5	9	0,5	9	0,5	8	0,5	7	1,0
7 bis 12	1/60	11	0,5	11	0,5	10	0,5	10	0,5	9	0,5	9	0,5
	1/30	11	0,5	10	0,5	10	0,5	9	0,5	9	0,5	8	0,5
	1/20	10	0,5	10	0,5	9	0,5	9	0,5	8	0,5	7	0,5

- Aufnahmen/Serie bei unterschiedlichen Aufnahmezeiten (B/s)
- Belichtungszeit des Einzelbildes (ms)
- Röhrenbelastung pro Einzelbild (kW)
- maximale Gesamtzahl von Serienaufnahmen pro Sekunde

Serienbelastungstabelle I gibt die Röhrenbelastung bei Serienbetrieb im Verhältnis zur maximalen Anzahl von Aufnahmen während einer Serie exemplarisch wieder. Sie stellt die Werte für Röhren mit gleichem Brennfleck und gleicher Drehzahl, jedoch unterschiedlichen Leistungen dar. Wenn 12 Aufnahmen pro Sekunde bei 20 ms Aufnahemzeit gefordert werden, sind bei 40 kW Leistung beispielsweise maximal 82 Aufnahmen möglich, ehe die Röhre zum Abkühlen abgeschaltet werden muß, was aber nur selten notwendig ist. Mehr als 12 Aufnahmen pro Sekunde sind in keiner Serienbelastungstabelle vorgesehen.

Serienbelastungstabelle II verdeutlicht die amerikanische Darstellungsweise am Beispiel einer Drehanodenröhre mit 8000 Umdrehungen pro Minute und einem Brennfleck von 0,3 mm. Neben der Abkühlzeit in Minuten wird für unterschiedliche Aufnahmefrequenzen je Serie das Produkt aus Kilovolt und Milliampere mal 0,001 angegeben. Beispielsweise lassen sich bei 12 Aufnahmen pro Sekunde in unserem Beispiel maximal 30 Gesamtaufnahmen bei 20 ms und einer Leistung von 7 kW anfertigen.

Nomogramme
Für längere Aufnahmen bis zu ca. 10 s werden die zulässigen Belastungen in sogenannten Nomogrammen dargestellt, die die Abhängigkeit von Röhrenspannung und Belastungszeit verdeutlichen.

Für große Aufnahmeserien und Durchleuchtungen ist zu berücksichtigen, daß sich auch das Röhrenschutzgehäuse einschließlich des Kühlöls nicht über die maximal zulässige Temperatur erhitzt. Der Grenzwert ist durch das Abstrahlungsvermögen des Röhrenschutzgehäuses charakterisiert: Beträgt das Abstrahlungsvermögen beispielsweise 250 W, darf die mittlere Dauerbelastung der Röhre ebenfalls nicht höher sein.

Nach den Erfahrungen mit mehreren Röntgenröhren gleichen Typs während der praktischen Erprobung im Entwicklungslabor setzt das Nomogramm die drei wichtigsten Belastungsgrößen einer Röhre graphisch zueinander in Beziehung:

- Zeit
- Spannung
- Strom

Bei einem Vergleich der Nomogramme von Röntgenröhren verschiedener Hersteller mit gleicher Brennfleckgröße, gleicher Drehzahl und gleicher Kurzzeit-Nennleistung fallen trotz verschiedenen Anodenmaterials und Gewichts keine kaufentscheidenden Unterschiede auf. Daraus kann man schließen, daß die Zusammenstellung des Anodenmaterials für die heute auf dem Markt befindlichen Röhren als Kaufentscheidungskriterium eine untergeordnete Rolle spielt (vgl. Nomogramme I mit II und III mit IV bzw. V mit VI).

Ein Vergleich der Nomogramme I und IV, II und V sowie III und VI belegt, daß die Röhren mit größeren Brennflecken (IV, V, VI) aufgrund ihrer höheren Leistung stärker belastbar sind.

Vergleicht man dagegen die Nomogramme von Röhren gleichen Materials mit unterschiedlicher Drehzahl, so stellt man fest, daß aufgrund der größeren Belastungsfähigkeit bei Erhöhung der Drehzahl entweder der Brennfleck bei gleicher Leistung verkleinert werden kann (vgl. Nomogramm VII mit IX sowie VIII mit X), oder aber die Leistung bei gleichem Brennfleck erhöht werden kann (vgl. Nomogramm IX mit XI sowie X mit XII).

Eine Gegenüberstellung der Nomogramme XIII bis XV zeigt, daß bei hoher Drehzahl und gleichem Brennfleck trotz unterschiedlicher Leistung (22 bis 32 kW) nur sehr geringe Unterschiede festzustellen sind.

Eine Steigerung der Belastbarkeit ist also in erster Linie durch die Wahl von Drehanodenröhren höherer Drehzahl zu verwirklichen. Bei gleich hoher Drehzahl lassen die Nomogramme bezüglich des geringfügig unterschiedlichen Anodenmaterials ebenfalls keinen Schluß auf eine unterschiedliche Belastbarkeit der Röntgenröhren zu.

2.2 Verschleiß

Der Verschleiß einer Röntgenröhre macht sich durch folgende Faktoren bemerkbar:

- Aufrauhung der Anodenoberfläche
- Niederschlag verdampften Wolframs auf dem Röhrenfenster
- Abnutzung der Kugellager
- Abnutzung des Glühfadens durch Verdampfung
- Funkenüberschlag/Rückzündung

Der Verschleiß der Röntgenröhre bewirkt eine Verringerung der Strahlenausbeute und damit Verschlechterung der Bildqualität. Insbesondere die Aufrauhung der Brennfleckbahnen beschleunigt den Alterungsprozeß der Röhren. Neben den hohen Temperaturen im Brennfleck (vgl. Kap. 4.2) und der Verdampfung des Wolframs ist dafür gemäß Zieler (vgl. Anhang IV) eine Veränderung der Materialstruktur verantwortlich, weil das Gefüge rekristallisiert und die Korngrenzen des infolge der starken, wechselnden thermischen Spannungen aufreißen.

Kuntkes Untersuchungen zeigen, daß der durch den Ausbeuteabfall zu messende Grad der Aufrauhung bei konstanter Aufnahmezeit mit der Leistung ansteigt. Die

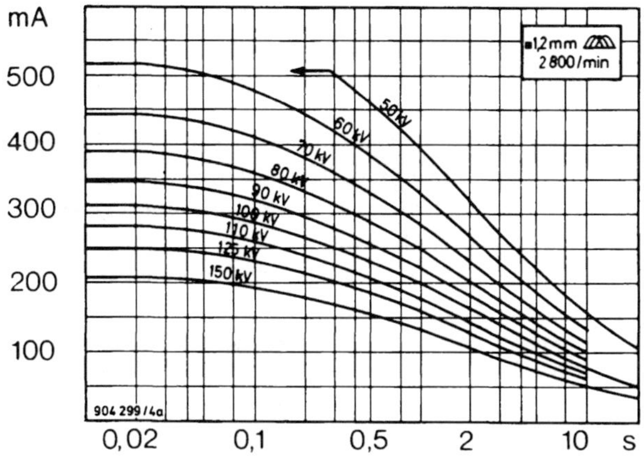

Nomogramm I: Comet DX 9-30/50-125/150
Brennflecke (mm): 1,2 & 2,0 Drehzahl (U/min): 2800
Leistung: (kW) 30 & 50 Anodenmaterial: W

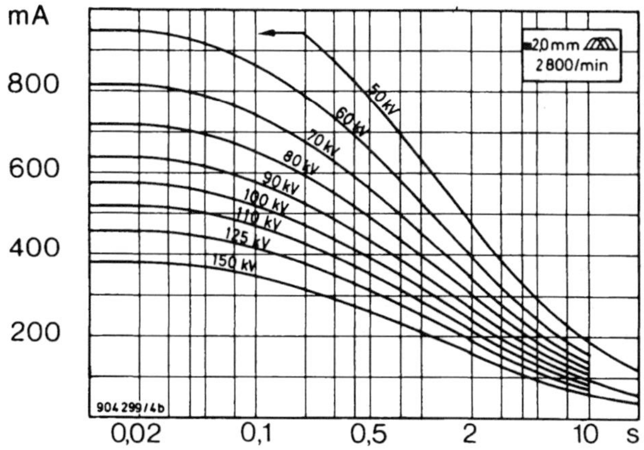

Nomogramm IV: vgl. Nomogramm I

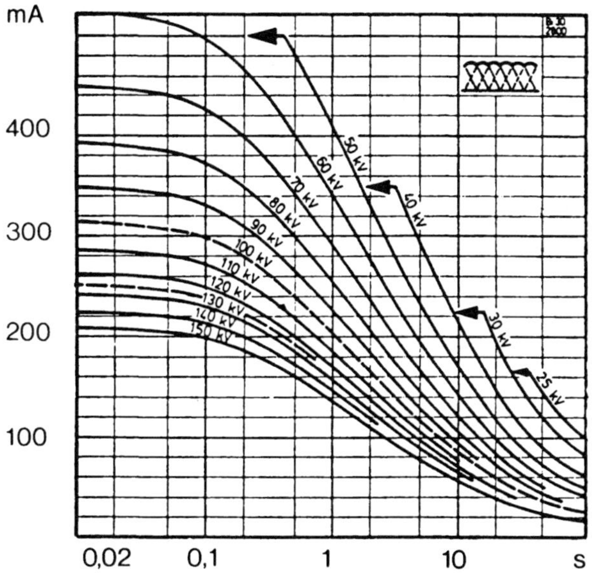

Nomogramm II: Siemens Bi 150/30/51-100
Brennflecke (mm): 1,2 & 2,0 Drehzahl (U/min): 2800
Leistung: (kW) 30 & 50 Anodenmaterial: ReWMo

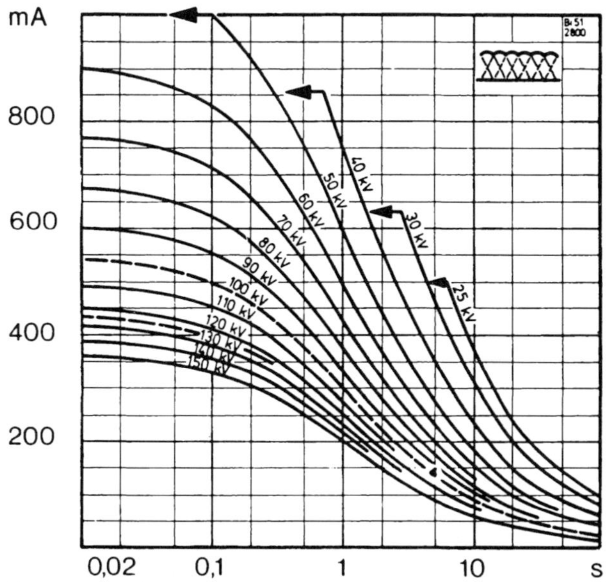

Nomogramm V: vgl. Nomogramm II

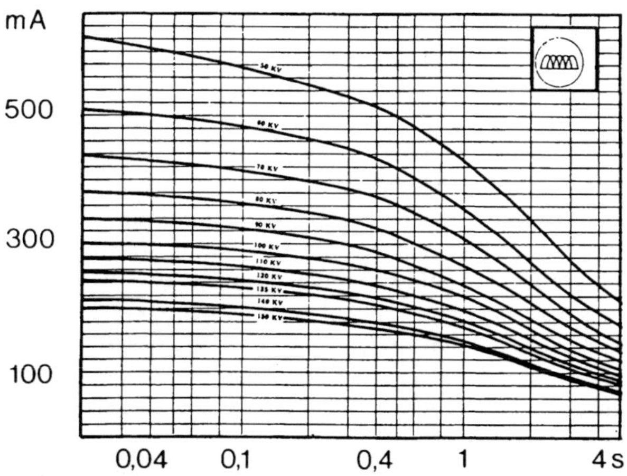

Nomogramm III: Nagel und Goller ND-T 02/GD 6-30/50ss-50
Brennflecke (mm): 1,2 & 2,0 Drehzahl (U/min): 2800
Leistung: (kW) 30 & 50 Anodenmaterial: W

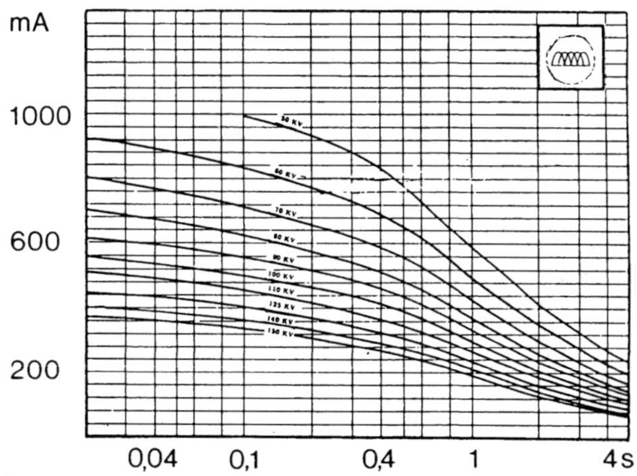

Nomogramm VI: vgl. Nomogramm III

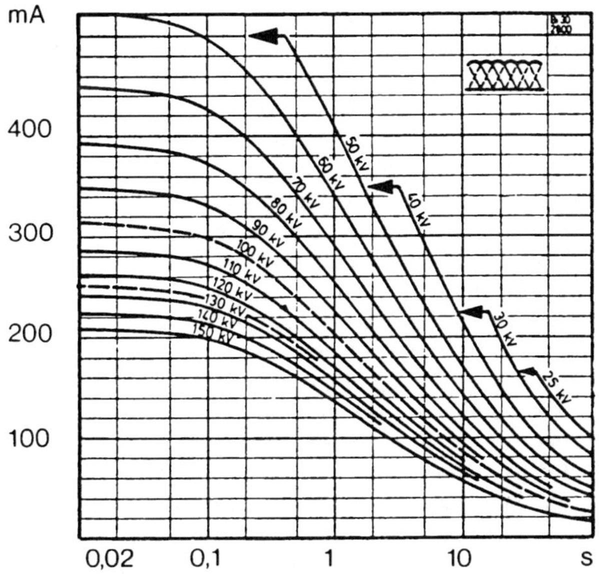

Nomogramm VII: vgl. Nomogramm II

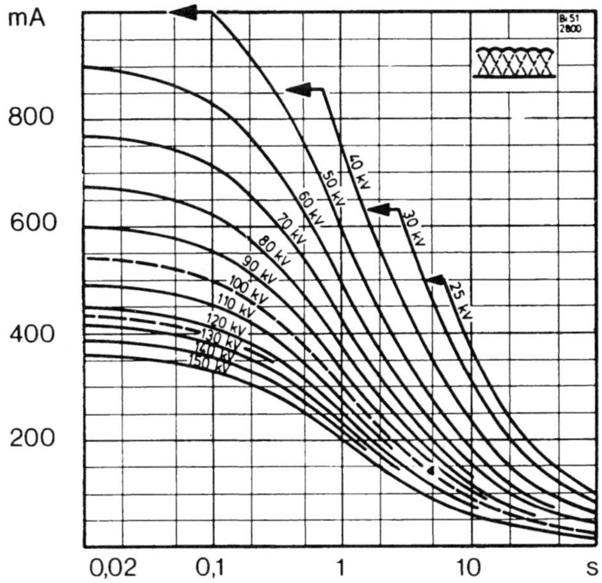

Nomogramm VIII : vgl. Nomogramm II

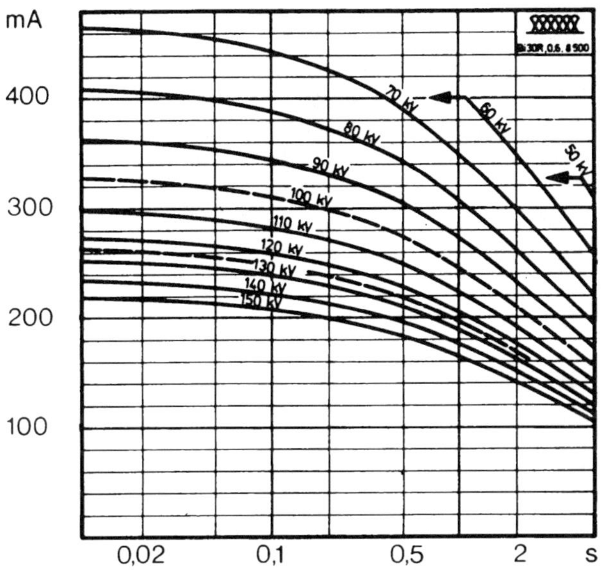

Nomogramm IX: Siemens Bi 150/30/52 R–100
Brennflecke (mm): 0,6 & 1,0 Drehzahl (U/min): 8500
Leistung: (kW) 30 & 50 Anodenmaterial: ReWMo

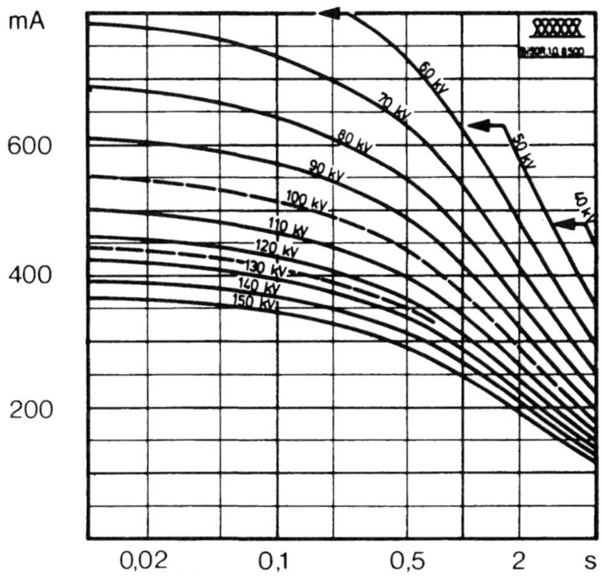

Nomogramm X: vgl. Nomogramm IX

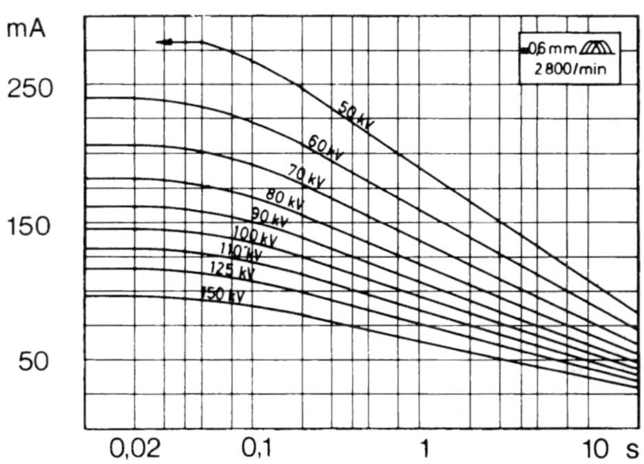

Nomogramm XI: Comet DX 10 H–12/32–125/150
Brennflecke (mm): 0,6 & 1,0 Drehzahl (U/min): 2800
Leistung: (kW) 12 & 32 Anodenmaterial: ReWMo

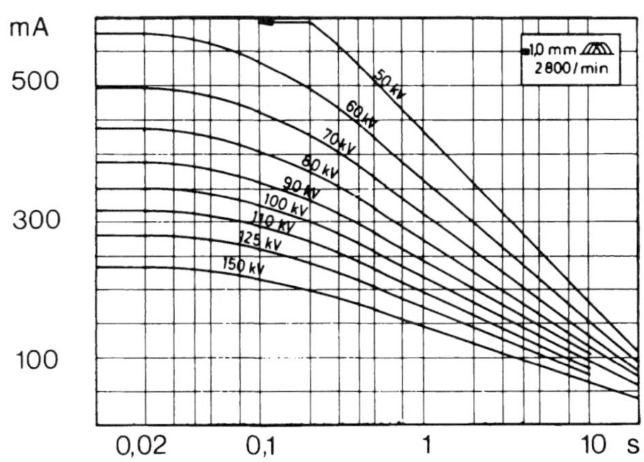

Nomogramm XII: vgl. Nomogramm XI

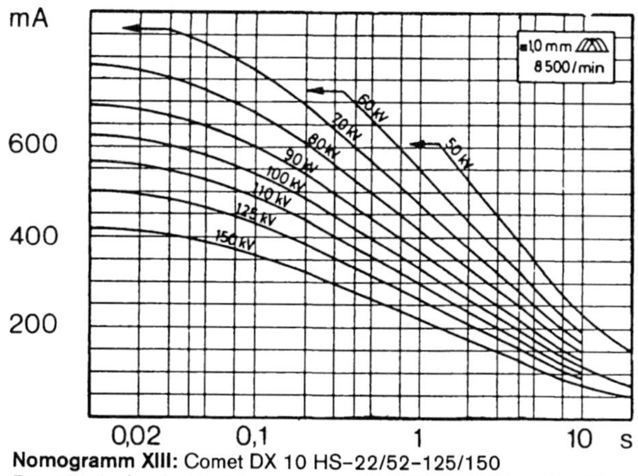

Nomogramm XIII: Comet DX 10 HS-22/52-125/150
Brennflecke (mm): 0,6 & 1,0 Drehzahl (U/min): 8500
Leistung: (kW) 22 & 52 Anodenmaterial: ReWMo

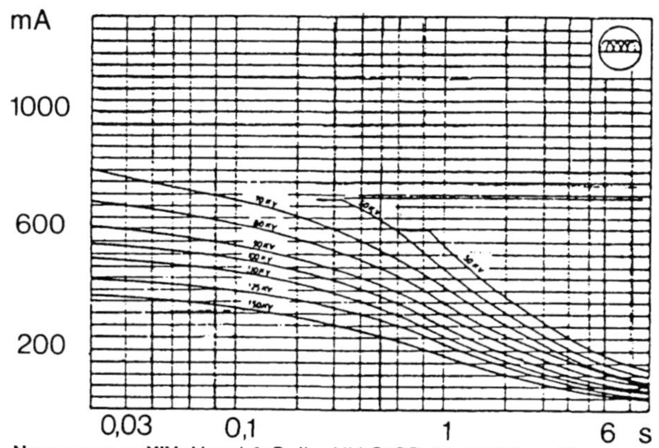

Nomogramm XIV: Nagel & Goller NH-S/GD 31-52/95ss-10
Brennflecke (mm): 1,0 & 2,0 Drehzahl (U/min): 8500
Leistung: (kW) 52 & 95 Anodenmaterial: ReWMo

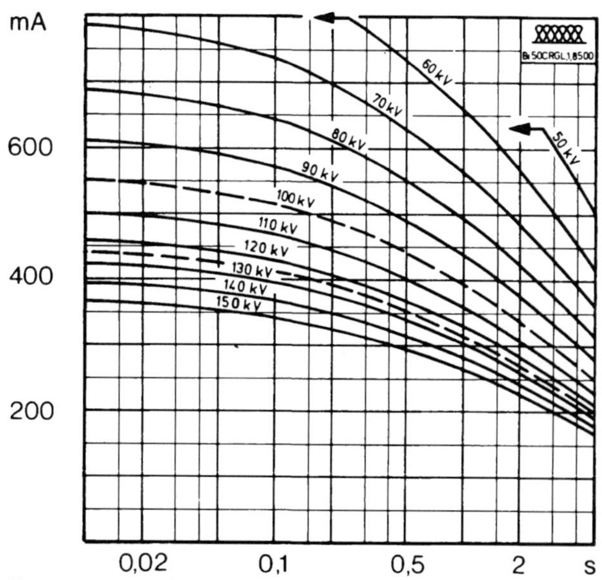

Nomogramm XV: Siemens Bi 150/30/50 CRG-102 GL
Brennflecke (mm): 0,6 & 1,0 Drehzahl (U/min): 8500
Leistung: (kW) 30 & 50 Anodenmaterial: ReWMoC

Messungen sind im Zentralstrahl der Drehanode durchgeführt worden. Als Zentralstrahl bezeichnet man den vom Mittelpunkt des Brennflecks verlaufenden Strahl durch die Mitte des Strahlenaustrittsfensters.

Während die Elektronen bei einer neuen Röhre über den gesamten Strichbrennfleck auf einer Ebene der Anodenfläche auftreffen, schatten sich bei aufgerauhter Anode die einzelnen, nebeneinander liegenden Brennflecke gegenseitig in dem Maße ab, je kleiner der Winkel zwischen dem gemessenen Strahl und der Anodenfläche wird. Ein Teil der Strahlung erhält eine solche Neigung, daß die Strahlrichtung durch das Anodenmaterial hindurchgeht. Aufgrund des großen Absorptionskoeffizienten von Wolfram wird diese Strahlung dadurch so stark geschwächt, daß sie zur Erstellung eines Röntgenbildes nicht mehr beiträgt.

In Abbildung 2.2 wird der Verlauf der Alterung, ausgedrückt durch den Dosisabfall, dargestellt. Die Kurve 2 stellt einen um 6 ° von der Anode abweichenden Strahl gegenüber dem Zentralstrahl (Kurve 1) dar. Bei neuen Röntgenröhren liegen die Elementarbrennflecke alle in einer Ebene der Anodenfläche. Wenn die Oberfläche der Anode durch thermische Belastung aufreißt, erhalten die Elementarbrennflecke unterschiedliche Neigungen gegenüber ihrer Ursprungslage. Dadurch kommt der um 6 ° von der Anode abweichende Strahl durch die aufgerauh-

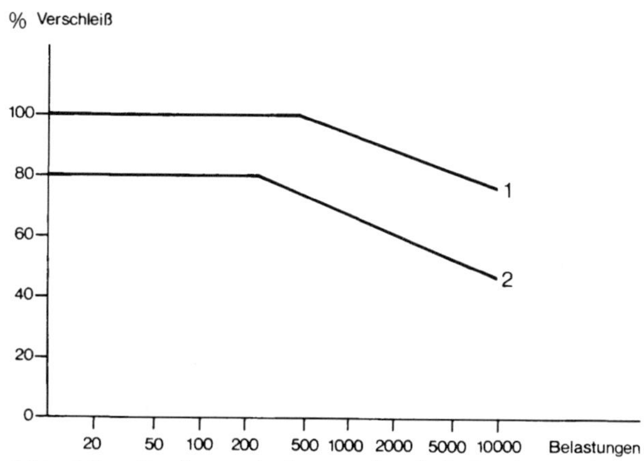

Abb. 2.2 Dosisverminderung durch Aufrauhung der Anodenoberfläche

te Oberfläche zustande. Wie man aus diesen beiden Kurven sieht, tritt der Dosisabfall bei aufgerauhter Oberfläche schneller ein, und die Neigung der Gerade ist steiler.

Abbildung 2.3 stellt die räumliche Dosisverteilung bei einer wenig (Kurve 1) und einer stark gebrauchten Röhre (Kurve 2) dar. Kurve 1 gibt die Winkelabhängigkeit von einer Röhre wieder, die noch im horizontalen Teil der Alterungskurve liegt, Kurve 2 die einer Röhre nach etwa 50 000 Aufnahmen bei Vollast. Während die Dosis im 17,5°-Zentralstrahl auf etwa ⅔ des Anfangswertes gefallen ist, ist sie bei 10 ° auf weniger als die Hälfte des Anfangswertes zurückgegangen, der aber schon um 10 % niedriger lag als beim 17,5°-Strahl. Der Gewinn an Belichtungszeit, den man bei einer neuen Röhre durch

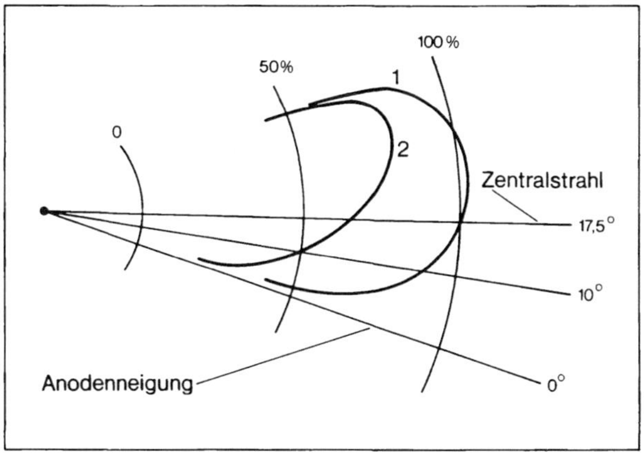

Abb. 2.3 Dosisverteilung einer Röntgenröhre vor und nach Abnutzung

Übergang von einem bei 17,5 ° liegenden Brennfleck auf einen bei 10 ° liegenden erhält, verringert sich bei einer gebrauchten Röhre.

Wird eine Röntgenröhre mit nur 80 % der Vollast betrieben, werden gemäß Kuntke (Anhang IV) im Mittel während des größten Teils der Einsatzdauer ebenso kurze Zeiten wie bei Vollast erreicht – sieht man von den ersten 4000 Aufnahmen ab, bei denen der Vollastbetrieb zu noch kürzeren Zeiten führt. Darüber hinaus bleibt der Ausbeuterückgang in diesem Fall während einer Nutzungsdauer von maximal 50 000 Aufnahmen mit ca. 30 % in tragbaren Grenzen.

Bei einer weiteren Herabsetzung der Leistung erreicht man eine geringere Verschlechterung der Ausbeute um den Preis längerer Aufnahmezeiten während der gesamten Gebrauchsdauer der Röhre. Als untere Grenze empfiehlt Zieler 75 %.

Ähnlich ermittelt er das Optimum für den Anodenwinkel zwischen Zentralstrahl und Anodenfläche: Ist der Winkel zu klein, erreicht man zunächst eine Erhöhung der Leistung. Will man aber den gleichen Ausbeuterückgang innerhalb einer vorgegebenen Gebrauchsdauer erreichen, ist eine niedrigere Leistung zugrunde zu legen.

Will man für einen Anodenwinkel von 10 ° bei 50 000 Aufnahmen den gleichen prozentualen Ausbeuterückgang erhalten wie bei 17,5 °, muß die spezifische Röhrenleistung bei der Röhre mit dem 10°-Winkel um ungefähr 17 % niedriger liegen als bei der Röhre mit dem Anodenwinkel von 17,5 °. Da die Anfangsausbeute nur 90 % beträgt, ist der Faktor des Leistungsgewinns, der sich durch eine Verkürzung der Belichtungszeit ausdrückt, in der Praxis geringer als theoretisch erwartet. Der Leistungsgewinn wird jedoch zusätzlich durch ein kleineres ausgezeichnetes Bildfeld erkauft.

Zusammenfassend läßt sich folgendes festhalten: Durch die vielen Erwärmungen mit sehr hohen Temperaturunterschieden in den Brennfleckbahnen rauht die ursprünglich glatte Oberfläche während des Betriebs auf. Da die Rauhtiefen größer sind als die Eindringtiefe der Elektronen und Wolfram Röntgenstrahlen stark absorbiert, werden die unter flachem Winkel austretenden Strahlen in der Aufrauhung um so mehr geschwächt, je kleiner der Winkel zwischen Austrittsrichtung und Anodenfläche ist. Der hierdurch bewirkte Ausbeuterückgang verlängert die Aufnahmezeiten so, daß schließlich die Röhre als verbraucht angesehen werden muß. Diesen Rückgang konnte man durch die Legierung von Rhenium und Wolfram wesentlich vermindern (vgl. Kap. 4.3). Durch die Legierung ergab sich zwar nicht die weitere Erhöhung der Röhrenleistung, man eröffnete aber eine neue Möglichkeit, den Winkel zwischen Zentralstrahl und Anodenfläche weiter unter das bisher mögliche Maß zu verkleinern und damit bei gleicher Größe des optischen Brennflecks die Leistung durch Anhebung des Schmelzpunkts der Legierung zu erhöhen. Man ist heute in der Lage, Spezialröhren zu bauen, die für spezielle Anforderungen Anodenwinkel bis zu nur 7 ° haben, während die früher üblichen 15 bis 17 ° für viele Bereiche auf 10 bis 13 ° herabgesetzt werden konnten.

3
Geräteparameter

Ärzte verschiedener Fachdisziplinen, MTRs, Pflegekräfte, Ingenieure, Medizintechniker und Kaufleute ermittelten in gemeinsamer Diskussion die für einen Vergleich von Röntgenstrahlern wesentlichen medizintechnischen Parameter, die in diesem Kapitel erläutert und in der anschließenden vergleichenden Übersicht der Gerätedaten gerätespezifisch zusammengestellt worden sind. Die Darstellung der Zusammenhänge einzelner Parameter findet sich im Anschluß an die vergleichende Übersicht der Gerätedaten in Kapitel 4.

Kurzzeit-Nennleistung
Die Kurzzeit-Nennleistung ist die höchstzulässige konstante Eingangsnennleistung eines Generators. Sie ergibt sich aus der maximalen thermischen Belastbarkeit einer Anode.

Die Kurzzeit-Nennleistung wird in kW angegeben und bezieht sich bei Drehanoden auf eine maximale Einzelbelastung von 0,1 s. Die Kurzzeit-Nennleistung muß stets in Zusammenhang mit der thermischen Anodenbezugsleistung gesehen werden, da ein Vergleich der Röhren ansonsten nicht möglich ist (vgl. DIN 6863 Teil 1).

Um die maximale Leistungsfähigkeit einer Röntgenröhre ausnutzen zu können, wird bei hoher Spannung, d. h. harter Strahlung (vgl. Kap. 4.1) ein kleinerer Strom gewählt (vgl. die Nomogramme der Röntgenröhren, Kap. 2.1).

Die Angaben zur Kurzzeit-Nennleistung sind in unmittelbarem Zusammenhang mit den Angaben der jeweiligen Brennflecke zu sehen: Beide Größen sind insofern miteinander verknüpft, als eine Röntgenröhre mit kleinem, scharfzeichendem Brennfleck schärfere Röntgenbilder erzeugt. Dafür muß andererseits eine geringere Belastbarkeit der Röhre in Kauf genommen werden. Daher bestimmt der jeweilige Einsatzzweck der Röntgenröhre den günstigsten Kompromiß von Kurzzeit-Nennleistung und Brennfleck.

Brennfleck
Zu unterscheiden sind der elektronische, thermische und der optisch wirksame Brennfleck (DIN 6814 Blatt 6). Bei Drehanoden ist der thermische Brennfleck die durch die Drehung der Anode entstehende Brennfleckbahn, die eine Aussage über die thermische Belastbarkeit zuläßt. Der elektronische Brennfleck ist für die Leistung der Röntgenröhre maßgebend, er ist stets größer als der optisch wirksame Brennfleck. Die Größe des optisch wirksamen Brennflecks ist ein wesentlicher Parameter für die Bildgüte.

Elektronischer und optisch wirksamer Brennfleck sind über den Anodenwinkel miteinander verknüpft. Je kleiner der Anodenwinkel ist, desto größer ist der elektronische Brennfleck gegenüber dem optisch wirksamen, d. h., daß der elektronische bei gleich großem optischen Brennfleck entsprechend belastbarer ist (vgl. Kap. 4.2).

Die Gerätedaten geben den optisch wirksamen Brennfleck an. Nachfolgende Tabelle gibt einen Überblick über die Bereiche der Brennfleckabmessungen gemäß DIN 6823 Teil 2.

Zugelassene Brennfleckabmessungen

Brennfleck-nennwert *(f)*	**Brennfleckabmessungen** **Breite** *(mm)*	**Länge** *(mm)*
0,1	0,1 - 0,15	0,1 - 0,15
0,15	0,15 - 0,23	0,15 - 0,23
0,2	0,2 - 0,3	0,2 - 0,3
0,3	0,3 - 0,45	0,45 - 0,65
0,4	0,4 - 0,6	0,6 - 0,85
0,5	0,5 - 0,75	0,75 - 1,1
0,6	0,6 - 0,9	0,9 - 1,3
0,7	0,7 - 1,1	1,0 - 1,5
0,8	0,8 - 1,2	1,1 - 1,6
0,9	0,9 - 1,3	1,3 - 1,8
1,0	1,0 - 1,4	1,4 - 2,0
1,1	1,1 - 1,5	1,6 - 2,2
1,2	1,2 - 1,7	1,7 - 2,4
1,3	1,3 - 1,8	1,9 - 2,6
1,4	1,4 - 1,9	2,0 - 2,8
1,5	1,5 - 2,0	2,1 - 3,0
1,6	1,6 - 2,1	2,3 - 3,1
1,7	1,7 - 2,2	2,4 - 3,2
1,8	1,8 - 2,3	2,6 - 3,3
1,9	1,9 - 2,4	2,7 - 3,5
2,0	2,0 - 2,6	2,9 - 3,7
2,2	2,2 - 2,9	3,1 - 4,0
2,4	2,4 - 3,1	3,4 - 4,4
2,6	2,6 - 3,4	3,7 - 4,8
2,8	2,8 - 3,6	4,0 - 5,2
3,0	3,0 - 3,9	4,3 - 5,6

Anodenmaterial

Das Anodenmaterial und die Anodenmasse bestimmen den Wirkungsgrad, die Wärmekapazität und die Wärmeleistungsfähigkeit der Anode.

Anodenteller aus reinem Wolfram sind relativ spröde. Diese Sprödigkeit kann dazu führen, daß im Teller beim Erkalten Risse und Sprünge auftreten. Durch Zusatz des Elements Rhenium zu Wolfram – ca. 10 % Rhenium zu 90 % Wolfram – wird die Anode wesentlich stabiler.

Wegen der höheren spezifischen Wärmekapazität von Molybdän werden für Anoden mit hoher Belastung zunehmend Teller aus Molybdän verwendet, denen eine ca. 1,5 mm dicke Wolfram-Rhenium-Schicht aufgesintert oder eine 0,7 mm dicke Wolfram-Zwischenschicht und eine gleich dicke Wolfram-Rhenium-Schicht aufgeschmiedet wurde.

Eine zusätzliche Graphitschicht verbessert die Wärmespeicherfähigkeit und Wärmeabgabe des Anodentellers (vgl. Kap. 4.3).

Drehzahl

Die Drehzahl der Anode wird durch die Frequenz des Wechselstroms bestimmt. Für eine Netzfrequenz von 50 Hz liegt sie theoretisch bei 3000 min^{-1}. Infolge des großen Abstandes zwischen Rotor und Stator sowie der Reibungsverluste ist der tatsächliche Wert einer Normalläuferröhre jedoch nur ca. 2800 min^{-1}.

Die Anoden moderner Hochleistungs-Schnellläuferröhren werden mit 150 Hz betrieben, so daß sie mit ca. 8500 min^{-1} laufen können.

Die Erhöhung der Drehzahl des Anodentellers führt zu einer Steigerung der Röhrenbelastbarkeit. Beispielsweise kann der optisch wirksame Brennfleck einer Normalläuferrröhre von 1,2 x 1,2 mm mit 30 und der einer Schnelläuferrröhre bezogen auf 0,1 s mit 50 kW belastet werden.

Umgekehrt kann der optische Brennfleck einer Normalläuferrröhre unter Beibehaltung der elektrischen Leistung von beispielsweise 50 kW von 2 x 2 mm bei der Schnelläuferrröhre auf ca. 1,2 x 1,2 mm verkleinert werden.

Daher findet die Schnelläuferröhre in der Praxis zunehmend Anwendung. Neben der Verkürzung von Aufnahmezeit und Reduzierung der Bewegungsunschärfe oder Verkleinerung des Brennflecks wird gleichzeitig eine Verringerung der geometrischen Unschärfe erreicht (vgl. Exkurs Bildschärfe).

Seit einigen Jahren werden speziell für Vergrößerungsaufnahmen auch Röhren mit 17 000 min^{-1} (sechsfache Netzfrequenz) eingesetzt.

Nennspannung

Die Nennspannung des Strahlers ist die höchstzulässige Spannung, für die der Strahlenschutz des Gehäuses bei Einhaltung der vorgeschriebenen Betriebsbedingungen einer angegebenen Spannungsform konzipiert ist (DIN 6863, Teil 1).

Es ist darauf zu achten, daß die Nennspannung für das Strahlergehäuse der Nennspannung der Röhre entspricht oder diese sogar übersteigt, und daß die maximale Betriebsspannung des Generators nicht unterschritten wird (zur Bedeutung der Spannung für die Strahlenqualität vgl. Bd. 4).

Die Nennspannung der Röhre wird zwischen der Anode und Kathode gemessen. Es werden zwei Werte für unterschiedliche Betriebsbedingungen der Röntgenröhre angegeben:

- Langzeitleistung für Dauerbetrieb
- Kurzzeit-Nennleistung

Darüber hinaus besteht die Möglichkeit, die Leistung des Strahlers für den intermittierenden Betrieb anzugeben.

Anoden-⌀ / Anodengewicht

Das Anodengewicht und der Anodendurchmesser sind für die Konstruktion der Röntgenröhre von Interesse, da Probleme sowohl beim Anodenanlauf als auch beim Bremsen auftreten können. Gleichzeitig ist der Anodendurchmesser eine Möglichkeit, die Brennfleckbahn im Umfang zu vergrößern und damit eine große Wärmespeichermöglichkeit zu gewinnen. Vom Tellerdurchmesser der Anode hängt die elektrische Leistung der Röhre ab.

Desgleichen läßt sich die Wärmespeicherfähigkeit durch Vergrößerung des Anodengewichts verbessern. Es ist ein konstruktives Optimum zwischen Anodendurchmesser, -gewicht und Wärmespeicherfähigkeit zu finden.

Das Gewicht der Anoden schwankt zwischen 250 und 1600 g und der Durchmesser bewegt sich zwischen 80 und 150 mm. Grenzen des Durchmessers sind der Röhre durch Rotationsprobleme und die Röhrenabmessungen selbst gesetzt. Die Geometrie des Anodentellers beeinflußt zudem die Belastbarkeit der Anode wesentlich.

Hochlaufzeit

Gewicht und Durchmesser der Drehanode bewirken ein Massen-Trägheitsmoment, das der Drehbeschleunigung bzw. Bremsung entgegenwirkt. Es dauert also eine bestimmte Zeit, bis die Beschleunigung auf die Soll-Drehzahl erreicht ist. Erst dadach darf die Bremsstrahlung erzeugt werden. Die Hochlaufzeit gibt also an, wie lange die Drehanode braucht, um auf die vorgegebene Drehzahl zu kommen.

Zur Steuerung dieses Vorgangs bedarf es besonderer Drehanoden-Anlaßgeräte. Gängige Hochlaufzeiten liegen zwischen 0,5 und 1,5 s. Diese Zeiten vergehen bei Zielaufnahmen vom Auslösezeitpunkt bis zur Röntgenaufnahme und müssen bei der Untersuchung berücksichtigt werden.

Bei einer vorhandenen Bremseinrichtung dauert die nachfolgende Abbremszeit etwa 3 s.

Überlagerung

Die hier vorgestellten Röntgenstrahler sind mit Drehanoden mit zwei und mehr Brennflecken ausgestattet. Prinzipiell gibt es zwei verschiedene Ausführungsarten: Entweder liegen die Brennflecke (Glühfaden) nebeneinander, dann überlagern sich die Brennfleckbahnen, oder aber sie sind hintereinander angeordnet, dann überlagern sich die Brennfleckbahnen nicht.

Bei hintereinander gelagerten Brennfleckbahnen besteht zusätzlich die Möglichkeit, daß jeder Brennfleck einen anderen Anodenwinkel aufweisen kann. Die Vorteile der jeweiligen Anordnung werden unterschiedlich bewertet. Dabei wird die Meinung vertreten, daß durch überlagerte Brennfleckbahnen beim Umschalten auf den großen für die Aufnahme die Bildqualität gleich bleibt; außerdem besteht bei den hintereinander gelagerten Brennfleckbahnen die Möglichkeit verschiedener Anodenwinkel zu einzusetzen (s. u.).

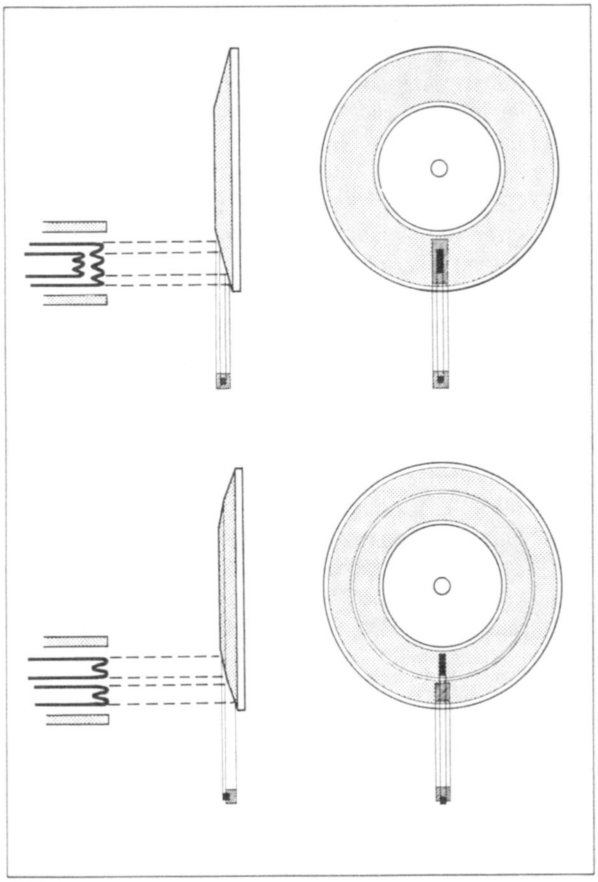

Abb. 3.1 Anordnung der Brennfleckbahnen bei Doppelfokusröhren

Röhren mit überlagertem Brennfleck werden dort empfohlen, wo der Abstand zwischen dem Patienten und dem Bildempfänger besonders groß ist. Bei C- und U-Bogenstativen befindet sich der Patient ungefähr in der Mitte des Fokus-Film-Abstandes. Die relativ großen Abstände bewirken bei überlagerten Brennflecken einen räumlichen Abstand zwischen Durchleuchtungs- und Aufnahmebild. Bei kleineren Abständen zwischen Objekt und Bildempfänger macht sich der Abstand der Brennflecke weniger bemerkbar.

Röhren mit überlagertem Brennfleck haben den Nachteil, daß die Brennfleckbahnen für Durchleuchtung und Aufnahme bei längerem Betreib gleich stark abgenutzt bzw. aufgerauht werden.

Bei räumlich getrennten Brennfleckbahnen dagegen bleibt die für die Durchleuchtung vorgesehene Bahn in ihrer Glätte erhalten, während die Brennfleckbahn für die Aufnahme einem stärkeren Verschleiß unterliegt.

Röntgenröhren mit überlagerten Brennflecken sollten bei einer Durchleuchtung möglichst niedertourig betrieben werden. Bei Durchleuchtungsbetrieb wird die notwendige Langzeit-Nennleistung fast aller Röhren bei rotierender Anode erhöht (Abb. 3.1).

Anodenwinkel

Der Anodenwinkel (Neigungswinkel der Anode) bestimmt das Verhältnis vom thermischen zum optisch wirksamen (wahren) Brennfleck auf der Anodenfläche. Je geringer der Neigungswinkel, desto größer ist die bestrahlte Anodenfläche im Verhältnis zum optischen Brennfleck. Dadurch kann die Anode thermisch stärker belastet werden, ihre Haltbarkeit steigt.

Vom Neigungswinkel der Anode hängt jedoch auch die Energieflußdichte der Röntgenstrahlung ab, die nicht gleichmäßig über den gesamten Nutzstrahlungskegel verteilt ist. Je kleiner der Neigungswinkel, desto größer ist der Abfall der Dosisleistung an der Anodenseite. Diese Wirkung wird als Heel-Effekt bezeichnet (Abb. 3.2).

Die gängigen Anodenwinkel liegen zwischen 10 und 20 °. Mit abnehmendem Anodenwinkel wird auch das ausleuchtbare Bildformat für bestimmte Fokus-Film-Abstände kleiner.

Wärmespeicherfähigkeit

- Anode

Die Wärmespeicherfähigkeit der Anode ist die Wärmeenergie, die von der Anode beim Betrieb aufgenommen werden kann. Sie wird in Joule (kJ) oder Wärmeeinheiten (Heat Units, HU; vgl. Anhang I) angegeben und liegt für Schnelläuferröhren bei etwa 300 kJ. Die Wärmespeicherfähigkeit kann bei Graphit-Verbundanoden auf etwa das Doppelte gesteigert werden, da die spezifische Wärme von Graphit bei 1000 °C etwa sechsmal so groß wie die von Molybdän und zwölfmal so groß wie die von Wolfram ist (vgl. Kap. 4.3).

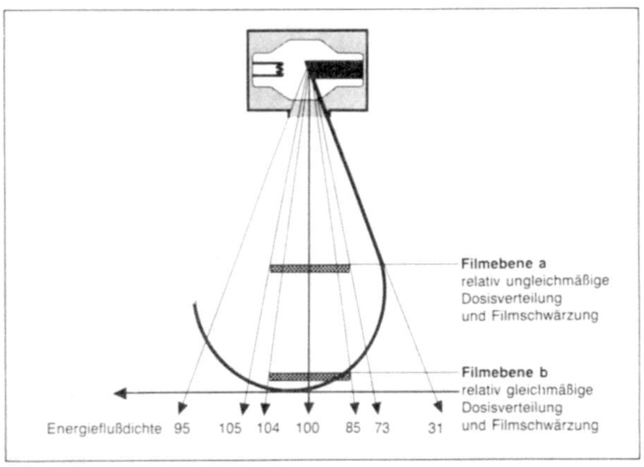

Abb. 3.2 Heel-Effekt

- Strahler

Die Wärmespeicherfähigkeit eines Röntgenstrahlers ist die maximal zulässige, in Joule (J) angegebene Wärmeenergie, die der Strahler ohne Schäden für die Röntgenröhre bei Dauerbetrieb bzw. für längere Einzelbelastungen aufweisen darf.

Die maximal zulässige Wärmeenergie entspricht der höchstzulässigen Temperatur des Röntgenstrahlers bei einer Umgebungstemperatur zwischen 20 und 25 °C.

Die in einem Röntgenstrahler gespeicherte Wärmeenergie ist proportional dem Produkt aus der Masse des Röntgenstrahlers und der Temperaturdifferenz vor und nach der Belastung. Da die zugeführte elektrische Energie beim Auftreffen der auf hohe Geschwindigkeiten beschleunigten Elektronen auf die Anoden zu fast 99 % in Wärmeenergie umgewandelt wird, kann die der Anode zugeführte Wärmeenergie der zugeführten elektrischen nahezu gleichgesetzt werden:

$$E_{Wärme} = E_{Strom} = U \times I \times t$$

Die Anode gibt diese Wärme zur Kühlung an das Röhrenschutzgehäuse mit seiner Ölfüllung ab, von wo die aufgenommene Wärme an die Umgebungsluft abgestrahlt wird. Wahlweise können daher an das Röhrenschutzgehäuse spezielle Kühlgebläse montiert werden, die die Wärmeabgabe verbessern.

Bei verschiedenen Belastungen während einer Aufnahme über mehrere Minuten kann die Wärmespeicherfähigkeit daher eine Leistungsbegrenzung sein.

Eine Wärmespeicherfähigkeit von beispielsweise 60 000 J besagt, daß der Röntgenstrahler bei einer Aufnahmespannung von 100 kV und einem Aufnahmestrom von 300 mA, ohne Berücksichtigung der Kühlung bzw. der Wärmeabstrahlung, nach zwei Sekunden die maximal zulässige Temperatur erreicht hätte.

Entsprechend DIN 6863 Teil 1 sind die für unterschiedliche Belastungen geltenden Erwärmungs- bzw. Abkühlungskennlinien als Kurvenschar anzugeben. Aus diesen Nomogrammen kann die Belastbarkeit der Röhre bei wechselnden Belastungen pro Periode abgeschätzt werden (vgl. Kap. 2.1). Je größer die Wärmespeicherfähigkeit, desto größer ist die Belastungsreserve der Röhre. In Verbindung mit der Langzeit-Nennleistung ergibt sich damit ein wichtiger Parameter für die Leistungsfähigkeit des Röntgenstrahlers.

Wärmeabstrahlung

Ebenso wichtig wie die Wärmespeicherfähigkeit der Anode ist die Abstrahlfähigkeit des Anodentellers, um die Serien- bzw. Langzeitbelastbarkeit einer Röntgenröhre anzugeben. Die Wärmeabstrahlungsmöglichkeit wird durch die Zusammensetzung des Anodentellers beeinflußt. Untersuchungen haben ergeben, daß ein Metall-Verbundteller mit Schwärzungsbelag die beste Wärmeabstrahlung besitzt.

Langzeitleistung

Die Langzeit-Nennleistung gibt an, mit welcher Leistung ein Röntgenstrahler ohne Schädigung dauernd belastet werden kann. Wenn keine anderen Angaben vorliegen, ist davon auszugehen, daß die Langzeit-Nennleistung sich auf einen 2,5-Stunden-Betrieb bei höchster Leistungsaufnahme eines Röntgenstrahlers bezieht, die für die verschiedenen Betriebsbedingungen (rotierend oder mit Lüfter) gilt.

Die angegebenen Werte sind bedingt durch die beschränkte Wärmeabgabe des Röntgenstrahlers an die Umgebung, wie sie bei der Durchleuchtung auftreten kann. Wärmeerzeugung und Wärmeabstrahlung stehen im Gleichgewicht. Der Röntgenstrahler kann dabei eine Temperatur von 80 °C erreichen.[1] Bei derartigen Tempe-

Langzeit-Nennleistung

Mit den Angaben der Langzeit-Nennleistung eines Röntgenstrahlers ist eine Abschätzung der Aufnahmefrequenz möglich. Die elektrische Energie wird fast vollständig in Wärmeenergie umgewandelt und muß an die Umgebung abgegeben werden.

Die elektrische Energie berechnet sich dabei in folgenden Einheiten:

Volt (V) x Ampere (A) x Sekunden (s) = Watt (W) x Sekunden (s) = Joule (J)

In folgendem Beispiel zur Abschätzung der gesamten Belastungszeit eines Röntgenstrahlers wird in den Begleitpapieren eine Langzeit-Nennleistung von 300 W (= 0,3 kW) angegeben. Es wird eine Großaufnahme mit 90 kV bei 100 mAs gemacht. Diese Werte ergeben folgende Belastungszeit (Aufnahmedauer plus Belastungspause):

$$\frac{90\ \text{kW} \times 0{,}1\ \text{As}}{0{,}3\ \text{kW}} = \frac{9\ \text{kWs}}{0{,}3\ \text{kW}} = 30\ \text{s}$$

Bei Verwendung eines Röntgenbildverstärkers mit Mittelformatkamera oder anderen Dokumentationseinrichtungen werden 90 kV bei 1 mAs benötigt. Daraus ergibt sich folgende Berechnung:

$$\frac{90\ \text{kW} \times 0{,}001\ \text{As}}{0{,}3\ \text{kW}} = \frac{0{,}09\ \text{kWs}}{0{,}3\ \text{kW}} = 0{,}3\ \text{s}$$

Das entspricht drei Aufnahmen in einer Sekunde. Im Vergleich zu Großaufnahmen werden Patient und Röntgenstrahler geringer belastet.

raturen sollte dafür gesorgt werden, daß weder Patient noch Personal mit dem Strahlergehäuse in Berührung kommen.

Die Erwärmungs- und Abkühlungswerte eines Röntgenstrahlers gehen aus den Nomogrammen (vgl. Kap. 2.1) der Begleitpapiere des Strahlers hervor.

In den Gerätedaten sind zwei verschiedene Langzeit-Nennleistungen abgefragt: einmal die rotierende und zum anderen die mit Lüfter. Die rotierende Langzeit-Nennleistung gibt den maximalen Wert ohne zusätzliche Kühlungsmöglichkeiten an, bei denen keine Schädigung auftritt. Bei der Langzeit-Nennleistung mit Lüfter ist eine Kühleinrichtung vorhanden, die die Belastbarkeit erhöht (zum Zusammenhang von Langzeit-Nennleistung und Aufnahmefrequenz vgl. Exkurs S. 16).

Anwendungsklasse
Gemäß § 9 der Apparate-Richtlinien der Kassenärztlichen Bundesvereinigung vom 10.12.1983 werden die Geräte der Röntgendiagnostik in neun Klassen (I bis IX) eingeteilt, für die unterschiedliche Mindestanforderungen definiert sind (vgl. Anhang III).

Gewicht
Die Angabe des Gewichts in den vergleichenden Gerätedaten bezieht sich auf den Röntgenstrahler (Röhre und Gehäuse). Da der Strahler von der MTR häufig bewegt wird, kann es von Interesse sein, das Gewicht zu berücksichtigen.

Preis
Die angegebenen Preise sind Richtpreise für die Röntgenstrahler, soweit sie von den Firmen bekanntgegeben wurden.

Preis Ersatz
Hier handelt es sich um die Ersatzpreise für die Röhre, auch sie sind als Richtpreise zu verstehen.

1 Insofern erscheint die Forderung der DIN 57 750/VDE 0750 Abschnitt 42, Tabelle 10 a für den Durchleuchtungsbetrieb unpraktikabel, da er entsprechend der geforderten Temperaturbegrenzung von maximal 50 °C bis zur Abkühlung der Röhre unterbrochen werden müßte.

Gerätedaten

Röntgenstrahler	Kurzzeit-Nennleistung /Brennfleck (kW)		Anoden-material	Dreh-zahl (Upm)	Nenn-spannung (kV)	Anoden-∅ /Gewicht (mm/g)	Hoch-laufzeit (s)
C.H.F. Müller							
RO 1230-ROT 350	30/1,2	12/0,6	ReWMo	2600	125/150	84/o. A.	0,8
RO 30 Re-ROT 350	30/1,2	entf.	ReWMo	2600	125	84/o. A.	0,8
RO 3050 Re-ROT 350	50/1,8	30/1,2	ReWMo	2600	125/150	84/o. A.	0,8
SRC 120 0308-ROT 751	85/0,8	20/0,3	ReWMo	8000	150	120/o. A.	1,8
SRC 120 0508-ROT 751	85/0,8	45/0,5	ReWMo	8000	150	120/o. A.	1,8
SRC 120 0613-ROT 751	120/1,3	40/0,6	ReWMo	8000	150	120/o. A.	1,6
SRM 1080-ROT 500[7]/ROT 501[8]	80/1,0	10/0,2	ReWMo[20]	8000	150	100/o. A.	1,4
SRM 1550-ROT 500[7]/ROT 501[8]	50/0,7	15/0,3	ReWMo[20]	8000	150	100/o. A.	1,4
SRM 35100-ROT 500[7]/ROT 501[8]	100/1,2	35/0,6	ReWMo[20]	8000	150	100/o. A.	1,4
SRM 35150-ROT 500[7]/ROT 501[8]	150/1,8	35/0,6	ReWMo[20]	8000	125/150	100/o. A.	1,4
SRO 0950-ROT 350/ROT 351[6]	50/1,0	9/0,3	ReWMo[20]	8000	150	90/o. A.	1,0
SRO 13100-ROT 350/ROT 351[6]	100/1,5	12/0,3	ReWMo[20]	8000	150	90/o. A.	1,0
SRO 1330-ROT 350/ROT 351[6]	30/0,6	12/0,3	ReWMo[20]	8000	150	90/o. A.	1,0
SRO 2055-ROT 350/ROT 351[6]	50/0,6	20/0,3	ReWMo[20]	8000	150	90/o. A.	1,0
SRO 2550-ROT 350/ROT 351[6]	50/1,0	25/0,6	ReWMo[20]	8000	125/150	90/o. A.	1,0
SRO 32100-ROT 350/ROT 351[6]	100/1,5	30/0,6	ReWMo[20]	8000	150	90/o. A.	1,0
SRO 33100-ROT 350/ROT 351[6]	85/1,3	30/0,6	ReWMo[20]	8000	150	90/o. A.	1,0
CGR Koch & Sterzel							
RSG 240/MN 640	53/1,8	27/1,0	ReWMo	3000	150	90/700	1,0
RSG 240/MN 641	53/1,8	27/1,0	WMo	3000	125	90/700	1,0
RSG 240/MSN 740	106/1,8	56/1,0	WMo	9000	150	90/700	1,8
RSG 240/MSN 740 Hx	106/1,8	56/1,0	ReWMo	9000	150	90/700	1,8
RSG 240/MSN 741	106/1,8	56/1,0	WMo	9000	125	90/700	1,8
RSG 240/MSN 741 Hx	106/1,8	56/1,0	ReWMo	9000	125	90/700	1,8
RSG 240/MSN 742	72/1,2	27/0,6	WMo	9000	150	90/700	1,8
RSG 240/MSN 742 Hx	72/1,2	27/0,6	ReWMo	9000	150	90/700	1,8
RSG 240/MSN 743	72/1,2	27/0,6	WMo	9000	125	90/700	1,8
RSG 240/MSN 743 Hx	72/1,2	27/0,6	ReWMo	9000	125	90/700	1,8
RSG 240/RSN 742	85/1,2	32/0,6	CWRe	9000	150	90/250	1,2
RSG 240/RSN 742 Hx	85/1,2	32/0,6	CWRe	9000	150	90/250	1,2
RSG 260/MSN 740	106/1,8	56/1,0	ReWMo	9000	150	90/700	1,8
RSG 260/MSN 741	106/1,8	56/1,0	ReWMo	9000	125	90/700	1,8
RSG 260/MSN 742	72/1,2	27/0,6	ReWMo	9000	150	90/700	1,8
RSG 260/MSN 743	72/1,2	27/0,6	ReWMo	9000	125	90/700	1,8
RSG 260/RSN 742	85/1,2	32/0,6	CWRe	9000	150	90/250	1,2
RSG 550/RN 620	85/1,8	42/1,0	CW	3000	150	120/300	2,1
RSG 550/RSN 722	118/1,2	43/0,6	CWRe	9000	150	120/300	2,1
RSG 550/RSN 722 Hx	118/1,2	43/0,6	CWRe	9000	150	120/300	2,1
RSG 610/RSN 772	135/1,2	49/0,6	CWRe	9000	125	150/550	3,5
RSG 620/RSN 772 P	135/1,2[17]	16/0,3	CWRe	9000	125	150/550	3,5
RSG 620/RSN 778	135/1,2[16]	9/0,1	CWRe	9000	125	150/550	3,5
Comet							
DX 10 H-12/32-125/150	32/1,0	12/0,6	ReWMo	2800	125/150	102/750	1,0
DX 10 H-12/60-125/150	60/2,0	12/0,6	ReWMo	2800	125/150	102/750	1,0
DX 10 H-20/43-125/150	43/1,4	20/0,7	ReWMo	2800	125/150	102/750	1,0
DX 10 H-32/60-125/150	60/2,0	32/1,0	ReWMo	2800	125/150	102/750	1,0

Alle Angaben ohne Gewähr; Fußnoten S. 29

Überlagerung	Anodenwinkel (°)	Wärmespeicherfähigkeit (kJ) Anode	Wärmespeicherfähigkeit (kJ) Strahler	Wärmeabstrahlung (J)	Langzeitleistung rotierend (W)	Langzeitleistung Lüfter (W)	Anwendungsklasse	Gewicht (kg)	Preis (DM)	Preis Ersatz (DM)
*	16	o. A.	1250	1600	250	350	II & III	22,2	**28 470**	o. A.
entf.	16	o. A.	1250	1600	250	350	II & III	22,2	**24 900**	o. A.
*	16	o. A.	1250	1600	250	350	IV	22,2	**29 005**	o. A.
*	9	o. A.	1700	5600	o. A.	1000[9]	IV	27	**o. A.**	o. A.
*	9	o. A.	1700	5600	o. A.	1000[9]	IV	27	**o. A.**	o. A.
*	13	o. A.	1700	5600	o. A.	1000[9]	IV	27	**o. A.**	o. A.
*	10	o. A.	1400	3800	280	700[6]	IV	27,5[21]	**o. A.**	o. A.
*	11	o. A.	1400	3800	280	700[6]	IV	27,5[21]	**45 330**	o. A.
*	12	o. A.	1400	3800	280	700[6]	IV	27,5[21]	**49 235**	o. A.
*	12	o. A.	1400	3800	280	700[6]	IV	27,5[21]	**49 855**	o. A.
*	15	o. A.	1250	2800	250	350[10]	IV	22,6[22]	**44 070**	o. A.
*	13	o. A.	1250	2800	250	350[10]	IV	22,6[22]	**44 430**	o. A.
*	12	o. A.	1250	2800	250	350[10]	II & III[11]	22,6[22]	**41 870**	o. A.
*	7	o. A.	1250	2800	250	350[10]	IV	22,6[22]	**44 990**	o. A.
*	15	o. A.	1250	2800	250	350[10]	IV	22,6[22]	**38 710**	o. A.
*	13	o. A.	1250	2800	250	350[10]	IV	22,6[22]	**44 035**	o. A.
*	13	o. A.	1250	2800	250	350[10]	IV	22,6[22]	**44 840**	o. A.
*	15	120	1400	o. A.	240	240	II – IV	22,5	**26 140**	o. A.
*	15	120	1400	o. A.	240	240	II – IV	22,5	**22 340**	o. A.
*	15	120	1400	o. A.	240	240	IV	22,5	**33 850**	o. A.
*	15	120	1400	o. A.	240	700	IV	22,5	**o. A.**	o. A.
*	15	120	1400	o. A.	240	240	IV	22,5	**31 100**	o. A.
*	15	120	1400	o. A.	240	700	IV	22,5	**o. A.**	o. A.
*	15	120	1400	o. A.	240	240	II – IV	22,5	**33 050**	o. A.
*	15	120	1400	o. A.	240	700	II – IV	22,5	**o. A.**	o. A.
*	15	120	1400	o. A.	240	240	II – IV	22,5	**31 180**	o. A.
*	15	120	1400	o. A.	240	700	II – IV	22,5	**o. A.**	o. A.
*	13,5	400	1400	o. A.	240	240	IV	22,5	**35 070**	o. A.
*	13,5	400	1400	o. A.	240	700	IV	22,5	**o. A.**	o. A.
*	15	120	1400	o. A.	240	700	IV	25	**34 970**	o. A.
*	15	120	1400	o. A.	240	700	IV	25	**o. A.**	o. A.
*	15	120	1400	o. A.	240	700	II – IV	25	**o. A.**	o. A.
*	15	120	1400	o. A.	240	700	II – IV	25	**o. A.**	o. A.
*	13,5	400	1400	o. A.	240	700	IV	25	**36 190**	o. A.
*	13	600	o. A.	o. A.	o. A.	o. A.	IV	28,5	**o. A.**	o. A.
*	13,5	600	1400	o. A.	250	700	IV	28,5	**40 020**	o. A.
*	13,5	600	1400	o. A.	250	700	IV	28,5	**o. A.**	o. A.
*	12	1300	1750	o. A.	250	700	IV	30	**44 090**	o. A.
*	12	1300	1750	o. A.	250	700	IV	30	**50 220**	o. A.
*	12	1300	1750	o. A.	250	700	IV	30	**50 220**	o. A.
*	16	225	o. A.	o. A.	300	550	II & III	22	**16 960**	12 400
*	16	225	o. A.	o. A.	300	550	II & III	22	**16 960**	12 400
*	16	225	o. A.	o. A.	300	550	II & III	22	**16 960**	11 100
*	16	225	o. A.	o. A.	300	550	II & III	22	**16 960**	11 100

Gerätedaten

Röntgenstrahler	Kurzzeit-Nennleistung /Brennfleck (kW)		Anoden-material	Dreh-zahl (Upm)	Nenn-spannung (kV)	Anoden-Ø /Gewicht (mm/g)	Hoch-laufzeit (s)
Comet							
DX 10 H-4/32-125/150	32/1,0	4/0,3	ReWMo	2800	125/150	102/750	1,0
DX 10 HG-12/32-125/150	32/1,0	12/0,6	ReWMo	2800	125/150	102/750	1,0
DX 10 HG-12/60-125/150	60/2,0	12/0,6	ReWMo	2800	125/150	102/750	1,0
DX 10 HS-22/52-125/150	52/1,0	22/0,6	ReWMo	8500	125/150	102/750	1,0
DX 10 HS-22/95-125/150	95/2,0	22/0,6	ReWMo	8500	125/150	102/750	1,0
DX 10 HS-40/70-125/150	70/1,4	40/0,7	ReWMo	8500	125/150	102/750	1,0
DX 10 HS-52/95-125/150	95/2,0	22/0,6	ReWMo	8500	125/150	102/750	1,0
DX 10 HS-7/52-125/150	52/1,0	7/0,3	ReWMo	8500	125/150	102/750	1,0
DX 10 HSG-22/52-125/150	52/1,0	22/0,6	ReWMo	8500	125/150	102/750	1,0
DX 10 HSG-22/95-125/150	95/2,0	22/0,6	ReWMo	8500	125/150	102/750	1,0
DX 101 H-22/42-125/150	42/1,0	22/0,6	ReWMo	2800	125/150	102/750	1,0
DX 101 H-22/60-125/150	60/1,3	22/0,6	ReWMo	2800	125/150	102/750	1,0
DX 101 HG-22/60-125/150	60/1,3	22/0,6	ReWMo	2800	125/150	102/750	1,0
DX 101 HS-37/100-125/150	100/1,3	37/0,6	ReWMo	8500	125/150	102/750	1,0
DX 101 HS-37/72-125/150	72/1,0	37/0,6	ReWMo	8500	125/150	102/750	1,0
DX 101 HSG-37/100-125/150	100/1,3	37/0,6	ReWMo	8500	125/150	102/750	1,0
DX 104 H-22/60-125/150	60/1,3	22/0,6	ReWMo	2800	125/150	102/950	1,1
DX 104 HG-22/60-125/150	60/1,3	22/0,6	ReWMo	2800	125/150	102/950	1,1
DX 104 HS-37/100-125/150	100/1,3	37/0,6	ReWMo	8500	125/150	102/950	1,1
DX 104 HSG-37/100-125/150	100/1,3	37/0,6	ReWMo	8500	125/150	102/950	1,1
DX 105 H-22/88-125/150	88/1,8	22/0,6	ReWMo	2800	125/150	105/950	1,1
DX 105 HS-37/150-125/150	150/1,8	37/0,6	ReWMo	8500	125/150	105/930	1,1
DX 5-11/27-125	27/1,8	11/0,8	W	2800	125	55/400	0,5
DX 65 E-16/54-150	54/0,6	16/0,3	ReWMo	8500	150	105/950	1,1
DX 68 A-12/80-150	80/1,0	12/0,3	ReWMo	8500	150	105/750	10
DX 68 A-40/100-150	100/1,2	40/0,6	ReWMo	8500	150	105/750	1,0
DX 68 B-12/80-150	80/1,0	12/0,3	ReWMo	8500	150	105/750	1,0
DX 68 E-12/42-150	42/0,7	12/0,3	ReWMo	8500	150	105/950	1,1
DX 68 E-12/80-150	80/1,0	12/0,3	ReWMo	8500	150	105/950	1,0
DX 69 B-10/100-150	100/1,2	10/0,3	ReWMo	8500	150	150/750	1,0
DX 7-2/40-125	40/2,0	2/0,3	W	2800	125	70/550	0,8
DX 7-20/40-125	40/2,0	20/1,0	W	2800	125	70/550	0,8
DX 7-30-125	30/1,5	entf.	W	2800	125	70/550	0,8
DX 7-20/40-125	40/2,0	20/1,0	ReWMo	2800	125	70/600	0,8
DX 7 MO-50	14/0,6	entf.	Mo	2800	o. A.	70/600	0,8
DX 700 H-22/60-125/150	60/1,3	22/0,6	ReWMo	2800	125/150	105/930	1,4
DX 700 HS-37/100-125/150	100/1,3	37/0,6	ReWMo	8500	125/150	105/1400	1,4
DX 71 H-22/48-125/150	48/2,0	22/1,0	ReWMo	2800	125/150	80/650	1,0
DX 71 HS-35/72-125/150	72/2,0	35/1,0	ReWMo	8500	125/150	80/650	1,0
DX 78 A-13/100-125	100/1,3	13/0,23	ReWMo	8500	125	120/1100	1,1
DX 78 E-13/100-125	100/1,3	13/0,23	ReWMo	8500	125	120/1100	1,4
DX 78 E-9/52-125	52/0,6	9/0,13	ReWMo	8500	125	120/1100	1,1
DX 79 A-40/110-125	110/1,3	40/0,6	ReWMo	8500	125	120/1600	1,4
DX 79 B-40/110-125	110/1,3	40/0,6	ReWMo	8500	125	120/1600	1,4
DX 9-30-125/150	30/1,2	entf.	W	2800	125/150	90/700	1,0
DX 9-30/50-125/150	50/2,0	30/1,2	W	2800	125/150	90/700	1,0
DX 9 H-2/30-125/150	30/1,2	2/0,3	ReWMo	2800	125/150	90/700	1,0
DX 9 H-2/50-125/150	50/2,0	2/0,3	W	2800	125/150	90/700	1,0

Alle Angaben ohne Gewähr; Fußnoten S. 29

Über-lage-rung	Anoden-winkel (°)	Wärmespeicher-fähigkeit (kJ) Anode	Strahler	Wärmeab-strahlung (J)	Langzeitleistung rotierend (W)	Lüfter (W)	Anwendungs-klasse	Gewicht (kg)	Preis (DM)	Preis Ersatz (DM)
*	16	225	o. A.	o. A.	300	550	II & III	22	**17 610**	11 750
*	16	225	o. A.	o. A.	300	550	II & III	22	**18 260**	12 400
*	16	225	o. A.	o. A.	300	550	II & III	22	**18 260**	12 400
*	16	225	o. A.	o. A.	300	550	II - IV	22	**18 760**	12 900
*	16	225	o. A.	o. A.	300	550	II & III	22	**18 760**	12 900
*	16	225	o. A.	o. A.	300	550	II - IV	22	**18 760**	12 900
*	16	225	o. A.	o. A.	225	300	II - IV	22	**18 760**	12 900
*	16	225	o. A.	o. A.	300	550	II - IV	22	**19 260**	13 400
*	16	225	o. A.	o. A.	300	550	II - IV	22	**19 660**	13 800
*	16	225	o. A.	o. A.	300	550	II & III	22	**19 660**	13 800
*	13	225	o. A.	o. A.	300	550	II & III	22	**18 860**	13 000
*	13	225	o. A.	o. A.	300	550	II - IV	22	**18 860**	13 000
*	13	225	o. A.	o. A.	300	550	II - IV	22	**19 860**	14 000
*	13	225	o. A.	o. A.	300	550	II - IV	22	**21 360**	15 500
*	13	225	o. A.	o. A.	300	550	II - IV	22	**20 760**	14 900
*	13	225	o. A.	o. A.	300	550	II - IV	22	**21 860**	16 000
*	13	300	o. A.	o. A.	300	550	II - IV	22	**19 960**	14 100
*	13	300	o. A.	o. A.	300	550	II - IV	22	**20 860**	15 000
*	13	300	o. A.	o. A.	300	550	II - IV	22	**22 460**	16 600
*	13	300	o. A.	o. A.	300	550	II - IV	22	**22 360**	17 500
*	13	300	o. A.	o. A.	300	550	II & III	22	**19 960**	14 100
*	13	300	o. A.	o. A.	300	550	II & III	22	**22 460**	16 600
*	20	51	o. A.	o. A.	250	400	I	18	**10 210**	5 500
*	7	300	o. A.	o. A.	300	550	IV & IX	22	**o. A.**	o. A.
*	10	225	o. A.	o. A.	300	550	IV & IX	22	**o. A.**	o. A.
*	10	225	o. A.	o. A.	300	550	IV & IX	22	**o. A.**	o. A.
*	10	225	o. A.	o. A.	300	550	IV & IX	22	**o. A.**	o. A.
*	10	300	o. A.	o. A.	300	550	II & III	22	**o. A.**	o. A.
*	10	225	o. A.	o. A.	300	550	IV & IX	22	**o. A.**	o. A.
*	12	225	o. A.	o. A.	300	550	IV & IX	22	**o. A.**	o. A.
*	16	100	o. A.	o. A.	300	550	II & III	22	**11 510**	7 200
*	16	100	o. A.	o. A.	300	550	II & III	22	**11 260**	6 950
*	16	100	o. A.	o. A.	300	550	II & III	22	**11 260**	6 950
*	16	130	o. A.	o. A.	300	550	II & III	22	**11 960**	7 810
*	16	130	o. A.	o. A.	300	550	VII	22	**13 360**	8 500
*	13	600	o. A.	o. A.	400	700	II - IV, IX	28	**32 000**	23 000
*	13	600	o. A.	o. A.	400	700	II - IV, IX	28	**36 000**	27 000
*	16	225	o. A.	o. A.	300	550	II & III	22	**11 250**	7 100
*	16	225	o. A.	o. A.	300	500	I - III	22	**12 950**	8 800
*	9	340	o. A.	o. A.	450	500	IV & IX	26	**o. A.**	o. A.
*	9	340	o. A.	o. A.	450	500	IV & IX	26	**o. A.**	o. A.
*	9	340	o. A.	o. A.	450	450	IV & IX	26	**o. A.**	o. A.
*	12	560	o. A.	o. A.	700	500	IV & IX	26	**o. A.**	o. A.
*	12	560	o. A.	o. A.	700	500	IV & IV	26	**o. A.**	o. A.
*	16	140	o. A.	o. A.	300	550	II & III	22	**12 860**	7 900
*	16	140	o. A.	o. A.	300	550	II - IV	22	**13 460**	8 500
*	16	140	o. A.	o. A.	300	550	II & III	22	**15 160**	10 200
*	16	140	o. A.	o. A.	300	550	II - IV	22	**15 160**	10 200

Gerätedaten

Röntgenstrahler	Kurzzeit-Nennleistung /Brennfleck (kW)		Anoden-material	Dreh-zahl (Upm)	Nenn-spannung (kV)	Anoden-Ø /Gewicht (mm/g)	Hoch-laufzeit (s)
Comet							
DX 9 HS-4/50-125/150	50/1,2	4/0,3	ReWMo	8500	125/150	90/700	1,0
DX 9 HS-4/80-125/150	80/2,0	4/0,3	ReWMo	8500	125/150	90/700	1,0
DX 91 H-32/57-125/150	57/2,0	32/1,2	ReWMo	2800	125/150	90/800	1,0
DX 91 HS-52/90-125/150	90/2,0	52/1,2	ReWMo	8500	125/150	90/800	1,0
DX 92 H-11/30-125/150	30/1,2	11/0,6	ReWMo	2800	125/150	90/800	1,0
DX 92 HS-21/50-125/150	50/1,2	21/0,6	ReWMo	8500	125/150	90/800	1,0
DX 93 H-20/60-125/150	60/1,5	20/0,6	ReWMo	2800	125/150	90/800	1,0
DX 93 HS-32/100-125/150	100/1,5	20/0,6	ReWMo	8500	125/150	90/800	1,0
Fritz Hofmann							
HOR – NT – 125/12/30s	30/1,2	12/0,6	W	2800	125	86/450	0,8
HOR – NT – 125/2/30s	30/1,2	2/0,3	W	2800	125	86/450	0,8
HOR – NT – 125/30s	30/1,2	o. A./o. A.	W	2800	125	86/450	0,8
HOR – NT – 150/12/30ss	30/1,2	12/0,6	W	2800	150	86/450	0,8
HOR – NT – 150/2/30ss	30/1,2	2/0,3	W	2800	150	86/450	0,8
HOR 125 – 12/30s	30/1,2	12/0,6	W	2800	125	86/450	0,8
HOR 125 – 2/30s	30/1,2	2/0,3	W	2800	125	86/450	0,8
HOR 125 – 30s	30/1,2	entf.	W	2800	125	86/450	0,8
General Electric							
MX 100 0,3–0,6	70/0,6	20/0,3	ReV	10000	150	100/o. A.	0,6
MX 100 0,3–1,2	100/1,2	12/0,3	ReV	10000	150	100/o. A.	0,6
MX 100 0,3g–0,6g	70/0,6	20/0,3	ReV	10000	150	100/o. A.	0,6
MX 100 0,5g–0,9g	92/0,9	42/0,5	ReV	10000	150	100/o. A.	0,6
MX 100 0,6–1,0	74/1,0	31/0,6	ReV	10000	150	100/o. A.	0,6
MX 100 0,6–1,2	130/1,2	47/0,6	ReV	10000	150	100/o. A.	0,6
MX 100 0,6–1,25	100/1,25	32/0,6	ReV	10000	150	100/o. A.	0,6
MX 100 0,6–1,5	125/1,5	32/0,6	ReV	10000	150	100/o. A.	0,6
MX 100 0,6–1,5	125/1,5	32/0,6	ReV	10000	150	100/o. A.	0,6
MX 100 0,6g–1,0g	74/1,0	31/0,6	ReV	10000	150	100/o. A.	0,6
MX 100 0,6g–1,5g	125/1,5	32/0,6	ReV	10000	150	100/o. A.	0,6
MX 100 1,0–2,0	125/2,0	53/1,0	ReV	10000	150	100/o. A.	0,6
MX 125 0,15–0,2–0,3–0,9–1,2	130/1,2[19]	6/0,15	ReV	10000	150	125/o. A.	0,8
MX 125 0,15–0,2–0,3–1,2	130/1,2[18]	6/0,15	ReV	10000	150	125/o. A.	0,8
MX 125 0,3–1,2	130/1,2	13,5/0,3	ReV	10000	150	125/o. A.	0,8
Nagel & Goller							
N-Mam 08/GD 12/25-50 Mam Be	25/1,0	12/0,6	Mo	2800	50	86/480	0,8
N-Mam 08/GD 9-12-50 Mam Be	12/0,6	entf.	Mo	2800	50	86/480	0,8
N-Mam 08/GD 9-25-50 Mam Be	25/1,0	entf.	Mo	2800	50	86/480	0,8
ND-N 03/GD 9-12-50 Mam Be	12/0,6	entf.	Mo	2800	50	86/480	0,8
ND-N 03/GD 9-25-50 Mam Be	25/1,0	entf.	Mo	2800	50	86/480	0,8
ND-N0 3/GD 6-12/30s-50	30/1,2	12/0,6	W	2800	125	90/490	0,8
ND-N 03/GD 6-12/50s-50	50/2,0	12/0,6	W	2800	125	90/490	0,8
ND-N 03/GD 6-2/30s-50	30/1,2	2/0,3	W	2800	125	90/490	0,8
ND-N 03/GD 6-2/50s-50	50/2,0	2/0,3	W	2800	125	90/490	0,8
ND-N 03/GD 6-30/50s-50	50/2,0	30/1,2	W	2800	125	90/490	0,8
ND-N 03/GD 6-30s-50	30/1,2	entf.	W	2800	125	90/490	0,8

Alle Angaben ohne Gewähr; Fußnoten S. 29

Über-lage-rung	Anoden-winkel (°)	Wärmespeicher-fähigkeit (kJ) Anode	Strahler	Wärmeab-strahlung (J)	Langzeitleistung rotierend (W)	Lüfter (W)	Anwendungs-klasse	Gewicht (kg)	Preis (DM)	Preis Ersatz (DM)
*	16	140	o. A.	o. A.	300	550	II – IV	22	**14 065**	11 060
*	16	140	o. A.	o. A.	300	550	II & III	22	**14 065**	11 060
*	16	225	o. A.	o. A.	300	550	II & III	22	**15 560**	10 600
*	16	225	o. A.	o. A.	300	550	II – IV	22	**17 025**	12 060
*	16	225	o. A.	o. A.	300	550	II & III	22	**15 560**	10 600
*	16	225	o. A.	o. A.	300	550	II – IV	22	**17 025**	12 060
*	13	225	o. A.	o. A.	300	550	II - IV	22	**15 560**	10 600
*	13	225	o. A.	o. A.	300	550	II – IV	22	**17 025**	12 060
*	17	95	1250	o. A.	300	entf.	II & III	22	**13 010**	8 260
*	17	95	1250	o. A.	300	entf.	II & III	22	**13 465**	8 715
o. A.	17	95	1250	o. A.	300	entf.	II & III	22	**12 110**	7 360
*	17	95	1250	o. A.	300	entf.	II & III	22	**13 810**	9 060
*	17	95	1250	o. A.	300	entf.	II & III	22	**14 280**	9 530
*	17	95	1000	o. A.	300	entf.	II & III	20	**10 600**	6 850
*	17	95	1000	o. A.	300	entf.	II & III	20	**11 350**	7 600
o. A.	17	95	1000	o. A.	300	entf.	II & III	20	**10 250**	6 500
*	6,5	1370	o. A.	o. A.	o. A.	o. A.	V	30	**o. A.**	o. A.
*	11	1370	o. A.	o. A.	o. A.	o. A.	IV	30	**o. A.**	o. A.
*	6,5	1370	o. A.	o. A.	o. A.	o. A.	V	30	**o. A.**	o. A.
*	6,5	1370	o. A.	o. A.	o. A.	o. A.	V	30	**o. A.**	o. A.
*	11	1370	o. A.	o. A.	o. A.	o. A.	V	30	**o. A.**	o. A.
*	10	1370	o. A.	o. A.	o. A.	o. A.	V	30	**o. A.**	o. A.
*	12,5	1370	o. A.	o. A.	o. A.	o. A.	V	30	**o. A.**	o. A.
*	12,5	1370	o. A.	o. A.	o. A.	o. A.	V	30	**o. A.**	o. A.
*	12,5	1370	o. A.	o. A.	o. A.	o. A.	V	30	**o. A.**	o. A.
*	11	1370	o. A.	o. A.	o. A.	o. A.	V	30	**o. A.**	o. A.
*	11	1370	o. A.	o. A.	o. A.	o. A.	V	30	**o. A.**	o. A.
*	15	1370	o. A.	o. A.	o. A.	o. A.	V	30	**o. A.**	o. A.
*	10	1820	o. A.	o. A.	o. A.	o. A.	V	43	**o. A.**	o. A.
*	10	1820	o. A.	o. A.	o. A.	o. A.	V	43	**o. A.**	o. A.
*	10	1820	o. A.	o. A.	o. A.	o. A.	V	43	**o. A.**	o. A.
*	17,5	90	o. A.	o. A.	250	o. A.	VII	18	**o. A.**	o. A.
entf.	17,5	90	o. A.	o. A.	250	o. A.	VII	18	**o. A.**	o. A.
entf.	17,5	90	o. A.	o. A.	250	o. A.	VII	18	**o. A.**	o. A.
entf.	o. A.	o. A.	o. A.	o. A.	300	400	VII	22	**o. A.**	o. A.
entf.	o. A.	o. A.	o. A.	o. A.	300	400	VII	22	**o. A.**	o. A.
*	17,5	101,25	o. A.	o. A.	300	400	II & III	22	**o. A.**	o. A.
*	17,5	101,25	o. A.	o. A.	300	400	II & III	22	**o. A.**	o. A.
-	17,5	101,25	o. A.	o. A.	300	400	II & III	22	**o. A.**	o. A.
*	17,5	101,25	o. A.	o. A.	300	400	II & III	22	**o. A.**	o. A.
*	17,5	101,25	300	o. A.	300	400	II & III	22	**o. A.**	o. A.
entf.	17,5	101,25	o. A.	o. A.	300	400	II & III	22	**o. A.**	o. A.

Gerätedaten

Röntgenstrahler	Kurzzeit-Nennleistung /Brennfleck (kW)		Anoden-material	Dreh-zahl (Upm)	Nenn-spannung (kV)	Anoden-∅ /Gewicht (mm/g)	Hoch-laufzeit (s)
Nagel & Goller							
ND-N 03/GD 6-50s-50	50/2,0	entf.	W	2800	125	90/490	0,8
ND-N03/GD9-12/25-50MamBe	25/1,0	12/0,6	Mo	2800	50	86/480	0,8
ND-N 03 Hs/GD 30-20/50s-60	50/1,2	20/0,6	ReWMo	8500	125	90/650	1,2
ND-N 03 Hs/GD 30-20/50ss-60	50/1,2	20/0,6	ReWMo	8500	150	90/650	1,2
ND-N 03 Hs/GD 30-20/80s-60	80/2,0	20/0,6	ReWMo	8500	125	90/650	1,2
ND-N 03 Hs/GD 30-20/80ss-60	80/2,0	20/0,6	ReWMo	8500	150	90/650	1,2
ND-N 03 Hs/GD 30-50/80s-60	80/2,0	50/1,2	ReWMo	8500	125	90/650	1,2
ND-N 03 Hs/GD 30-50/80ss-60	80/2,0	50/1,2	ReWMo	8500	150	90/650	1,2
ND-T 02/GD 6-50ss-50	50/2,0	entf.	W	2800	150	90/490	0,8
ND-T 02/GD 6-12/30ss-50	30/1,2	12/0,6	W	2800	150	90/490	0,8
ND-T 02/GD 6-12/50s-50	50/2,0	12/0,6	W	2800	125	90/490	0,8
ND-T 02/GD 6-12/50ss-50	50/2,0	12/0,6	W	2800	150	90/490	0,8
ND-T 02/GD 6-2/30s-50	30/1,2	2/0,3	W	2800	125	90/490	0,8
ND-T 02/GD 6-2/50s-50	50/2,0	2/0,3	W	2800	125	90/490	0,8
ND-T 02/GD 6-2/50ss-50	50/2,0	2/0,3	W	2800	150	90/490	0,8
ND-T 02/GD 6-30/50-50	50/2,0	12/1,2	W	2800	125	90/490	0,8
ND-T 02/GD 6-30/50ss-50	50/2,0	30/1,2	W	2800	150	90/490	0,8
ND-T 02/GD 6-30s-50	30/1,2	entf.	W	2800	125	90/490	0,8
ND-T 02/GD 6-30ss-50	30/1,2	entf.	W	2800	150	90/490	0,8
ND-T 02/GD 6-50s-50	50/2,0	entf.	W	2800	125	90/490	0,8
ND-T 02 Hs/GD 30-20/50s-60	50/1,2	20/0,6	ReWMo	8500	125	90/650	1,2
ND-T 02 Hs/GD 30-20/50ss-60	50/1,2	20/0,6	ReWMo	8500	150	90/650	1,2
ND-T 02 Hs/GD 30-20/80s-60	80/2,0	20/0,6	ReWMo	8500	125	90/650	1,2
ND-T 02 Hs/GD 30-20/80ss-60	80/2,0	20/0,6	ReWMo	8500	150	90/650	1,2
ND-T 02 Hs/GD 30-50/80s-60	80/2,0	50/1,2	ReWMo	8500	125	90/650	1,2
ND-T 02 Hs/GD 30-50/80ss-60	80/2,0	50/1,2	ReWMo	8500	150	90/650	1,2
NH-S/GD 31-32/70ss	70/1,4	32/0,7	ReWMo	8500	150	105/950	1,4
NH-S/GD 31-32/70ss-10	70/1,4	32/0,7	ReWMo	8500	150	105/950	1,4
NH-S/GD 31-52/95ss-10	95/2,0	52/1,0	ReWMo	8500	150	105/950	1,4
NH-S/GD 31-60/95ss-10	95/2,0	60/1,2	ReWMo	8500	150	105/950	1,4
NH-S/GD 31-7/70ss-10	70/1,4	7/0,3	ReWMo	8500	150	105/950	1,4
NHN/GD 12-22/60ss-10 RE	60/1,3	22/0,6	WRe	2800	150	105/950	1,4
NHN/GD 8-12/50ss-10	50/2,0	12/0,6	W	2800	150	100/500	1,0
NHN/GD 8-22/45ss-10 RE	45/1,4	22/0,7	WRe	2800	150	105/950	1,4
NHN/GD 8-22/60ss-10 RE	60/2,0	22/0,7	WRe	2800	150	105/950	1,4
NHN/GD 8-30/50ss-10	50/2,0	30/1,2	W	2800	150	100/500	1,0
NHN/GD 8-32/60ss-10 RE	60/2,0	32/1,0	WRe	2800	150	105/950	1,4
NM-100/GD 7-2/30s-10	30/1,5	2/0,3	W	2800	125	70/255	o. A.
NM-100/GD 7-2/40s-10	40/2,0	2/0,3	W	2800	125	70/255	o. A.
NM-100/GD 7-20/40s-10	40/2,0	20/1,0	W	2800	125	70/255	o. A.
NM-100/GD 7-20s-10	20/1,0	entf.	W	2800	125	70/255	o. A.
NM-100/GD 7-40s-10	40/2,0	entf.	W	2800	125	70/255	o. A.
NP 125/GD 9-12/30s-10	30/1,2	12/0,6	W	2800	125	86/450	0,8
NP 125/GD 9-12/50s-10	50/2,0	12/0,6	W	2800	125	86/450	0,8
NP 125/GD 9-12s-10	12/0,6	entf.	W	2800	125	86/450	0,8
NP 125/GD 9-2/30s-10	30/1,2	2/0,3	W	2800	125	86/450	o. A.
NP 125/GD 9-2/40s-10	40/2,0	2/0,3	W	2800	125	86/450	0,8
NP 125/GD 9-20/40s-10	40/2,0	20/1,0	W	2800	125	86/450	0,8

Alle Angaben ohne Gewähr; Fußnoten S. 29

Über-lage-rung	Anoden-winkel (°)	Wärmespeicher-fähigkeit (kJ) Anode	Strahler	Wärmeab-strahlung (J)	Langzeitleistung rotierend (W)	Lüfter (W)	Anwendungs-klasse	Gewicht (kg)	Preis (DM)	Preis Ersatz (DM)
entf.	17,5	101,25	o. A.	o. A.	300	400	II & III	22	o. A.	o. A.
*	17,5	o. A.	o. A.	o. A.	300	o. A.	VII	22	o. A.	o. A.
*	16	162	o. A.	o. A.	300	400	IV	22	o. A.	o. A.
*	16	162	o. A.	o. A.	300	400	IV	22	o. A.	o. A.
*	16	162	o. A.	o. A.	300	400	II & III	22	o. A.	o. A.
*	16	162	o. A.	o. A.	300	400	II & III	22	o. A.	o. A.
*	16	162	o. A.	o. A.	300	400	II & III	22	o. A.	o. A.
*	16	162	o. A.	o. A.	300	400	II & III	22	o. A.	o. A.
o. A.	17,5	101,25	o. A.	o. A.	300	400	II & III	22	o. A.	o. A.
*	17,5	101,25	o. A.	o. A.	300	400	II & III	22	o. A.	o. A.
*	17,5	101,25	o. A.	o. A.	300	400	II & III	22	o. A.	o. A.
*	17,5	101,25	o. A.	o. A.	300	400	II & III	22	o. A.	o. A.
-	17,5	101,25	o. A.	o. A.	300	400	II & III	22	o. A.	o. A.
-	17,5	101,25	o. A.	o. A.	300	400	II & III	22	o. A.	o. A.
-	17,5	101,25	o. A.	o. A.	300	400	II & III	22	o. A.	o. A.
*	17,5	101,25	o. A.	o. A.	300	400	II & III	22	o. A.	o. A.
*	17,5	101,25	o. A.	o. A.	300	400	II & III	22	o. A.	o. A.
entf.	17,5	101,25	o. A.	o. A.	300	400	II & III	22	o. A.	o. A.
o. A.	17,5	101,25	o. A.	o. A.	300	400	II & III	22	o. A.	o. A.
entf.	17,5	101,25	o. A.	o. A.	300	400	II & III	22	o. A.	o. A.
*	16	162	o. A.	o. A.	300	400	IV	22	o. A.	o. A.
*	16	162	o. A.	o. A.	300	400	II - IV	22	o. A.	o. A.
*	16	162	o. A.	o. A.	300	400	II & III	22	o. A.	o. A.
*	16	162	o. A.	o. A.	300	400	II & III	22	o. A.	o. A.
*	16	162	o. A.	o. A.	300	400	II & III	22	o. A.	o. A.
*	16	162	o. A.	o. A.	300	400	II & III	22	o. A.	o. A.
o. A.	14,5	225	o. A.	o. A.	300	400	II - IV	25	o. A.	o. A.
o. A.	14,5	225	o. A.	o. A.	300	400	II - IV	25	o. A.	o. A.
o. A.	14,5	225	o. A.	o. A.	300	400	II & III	25	o. A.	o. A.
o. A.	14,5	225	o. A.	o. A.	300	400	II & III	25	o. A.	o. A.
o. A.	14,5	225	o. A.	o. A.	300	400	II - IV	25	o. A.	o. A.
*	12	225	o. A.	o. A.	300	400	II - IV	25	o. A.	o. A.
*	17,5	112,5	o. A.	o. A.	300	400	II & III	25	o. A.	o. A.
*	14,5	225	o. A.	o. A.	300	400	II & III	25	o. A.	o. A.
*	14,5	225	o. A.	o. A.	300	400	II & III	25	o. A.	o. A.
*	17,5	112,5	o. A.	o. A.	300	400	II & III	25	o. A.	o. A.
*	14,5	225	o. A.	o. A.	300	400	II & III	25	o. A.	o. A.
-	17,5	51	o. A.	o. A.	250	300	II & III	14,6	o. A.	o. A.
-	17,5	51	o. A.	o. A.	250	300	II & III	14,6	o. A.	o. A.
*	17,5	51	o. A.	o. A.	250	300	II & III	14,6	o. A.	o. A.
entf.	17,5	51	o. A.	o. A.	250	300	II & III	14,6	o. A.	o. A.
entf.	17,5	51	o. A.	o. A.	250	300	II & III	14,6	o. A.	o. A.
*	17,5	90	o. A.	o. A.	250	300	II & III	16,5	o. A.	o. A.
*	17,5	90	o. A.	o. A.	250	300	II & III	16,5	o. A.	o. A.
entf.	17,5	90	o. A.	o. A.	250	300	II	16,5	o. A.	o. A.
-	17,5	90	o. A.	o. A.	250	300	II & III	16,5	o. A.	o. A.
-	17,5	90	o. A.	o. A.	250	300	II & III	16,5	o. A.	o. A.
*	16,5	90	o. A.	o. A.	250	300	II & III	16,5	o. A.	o. A.

Gerätedaten

Röntgenstrahler	Kurzzeit-Nennleistung /Brennfleck (kW)		Anoden-material	Dreh-zahl (Upm)	Nenn-spannung (kV)	Anoden-∅ /Gewicht (mm/g)	Hoch-laufzeit (s)
Nagel & Goller							
NP 125/GD 9-20s-10	20/1,0	entf.	W	2800	125	86/450	0,8
NP 125/GD 9-30/40s-10	40/2,0	30/1,2	W	2800	125	86/450	0,8
NP 125/GD 9-30/50s-10	50/2,0	30/1,2	W	2800	125	86/450	0,8
NP 125/GD 9-30s-10	30/1,2	entf.	W	2800	125	86/450	0,8
NP 125/GD 9-40s-10	40/2,0	entf.	W	2800	125	86/450	0,8
NP-T/GD 9-12/30s-10	30/1,2	12/0,6	W	2800	125	86/450	0,8
NP-T/GD 9-12/50s-10	50/2,0	12/0,6	W	2800	125	86/450	0,8
NP-T/GD 9-12s-10	12/0,6	entf.	W	2800	125	86/450	0,8
NP-T/GD 9-2/30s-10	30/1,2	2/0,3	W	2800	125	86/450	0,8
NP-T/GD 9-2/40s-10	40/2,0	2/0,3	W	2800	125	86/450	0,8
NP-T/GD 9-20/40s-10	40/2,0	20/1,0	W	2800	125	86/450	0,8
NP-T/GD 9-20s-10	20/1,0	entf.	W	2800	125	86/450	0,8
NP-T/GD 9-30/40s-10	40/2,0	30/1,2	W	2800	125	86/450	0,8
NP-T/GD 9-30/50S-10	50/2,0	30/1,2	W	2800	125	86/450	0,8
NP-T/GD 9-30s-10	30/1,2	entf.	W	2800	125	86/450	125
NP-T/GD 9-40s-10	40/2,0	entf.	W	2800	125	86/450	0,8
ND-T 02/GD 6-2/30ss-50	30/1,2	2/0,3	W	2800	150	90/490	0,8
ND-T 02/GD 6-12/30s-50	30/1,2	12/0,6	W	2800	125	90/490	0,8
Picker International							
PX 1402	70/2,0	32/1,0	ReWMo	2800	150	102/960	o. A.
PX 1414	95/1,2	10/0,3	ReWMo	2800	150	102/960	o. A.
PX 1424	95/1,2	entf.	ReWMo	8500	135	102/960	o. A.
PX 1431	60/1,4	20/0,7	ReWMo	2800	150	102/960	o. A.
PX 1431 S	95/1,4	32/0,7	ReWMo	8500	150	102/960	o. A.
PX 1436	95/1,2	30/0,6	ReWMo	8500	150	102/o. A.	o. A.
PX 1482	34/1,0	14/0,6	ReWMo	2700	150	102/o. A.	o. A.
PX 1482 (150 Hz)	55/1,0	22/0,6	ReWMo	8000	150	102/o. A.	o. A.
Siemens							
Bi 125/12/50 R-100	50/1,0	12/0,3	ReWMo	8500[1]	125	100/700	0,8
Bi 125/20/40 R-100 L	40/0,6	20/0,3	ReWMo	8500[1]	125	100/700	0,8
Bi 125/30/50 CR-100 L	50/1,0	30/0,6	ReWMoC	8500[1]	125	100/800	0,8
Bi 125/30/51-100	50/2,0	30/1,2	ReWMo	2800[4]	125	100/700	0,8
Bi 125/30/52 R-100	50/1,0	30/0,6	ReWMo	8500[1]	125	100/700	0,8
Bi 150/12/50 R-100	50/1,0	12/0,3	ReWMo	8500[1]	150	100/700	0,8
Bi 150/30/50 CRG-100 GL	50/1,0	30/0,6	ReWMoC	8500[1]	150	100/800	0,8
Bi 150/30/50 CRG-100 L	50/1,0	30/0,6	ReWMoC	8500[1]	150	100/800	0,8
Bi 150/30/50 CRG-102 GL	50/1,0	30/0,6	ReWMoC	8500[1]	150	100/800	0,8
Bi 150/30/50 CRG-102 L	50/1,0	30/0,6	ReWMoC	8500[1]	150	100/800	0,8
Bi 150/30/51-100	50/2,0	30/1,2	ReWMo	2800[4]	150	100/700	0,8
Bi 150/30/52 R-100	50/1,0	30/0,6	ReWMo	8500[1]	150	100/700	0,8
Bi 150/40/101 CRG-100 GL	100/1,3	40/0,6	ReWMoC	8500[1]	150	100/800	0,8
Opti 150/40/72 C-102 L	70/1,0	40/0,6	ReWMoC	8500[1]	150	100/800	0,8
Opti 110/12/50 HSG-117 GL	50/0,6[15]	12/0,2	ReWMoC	8500[2]	110	100/800	3/1
Opti 110/12/50 HSG-117 GLST	50/0,6[15]	12/0,2	ReWMoC	8500[3]	110	100/o. A.	3/1
Opti 150/12/102 C-l00 L	100/1,3	12/0,3	ReWMoC	8500[1]	100	100/800	0,8
Opti 150/12/40/72 C-100 GL	40/0,6[14]	12/0,3	ReWMoC	8500[1]	150	100/800	0,8

Alle Angaben ohne Gewähr; Fußnoten S. 29

Über-lage-rung	Anoden-winkel (°)	Wärmespeicher-fähigkeit (kJ) Anode	Strahler	Wärmeab-strahlung (J)	Langzeitleistung rotierend (W)	Lüfter (W)	Anwendungs-klasse	Gewicht (kg)	Preis (DM)	Preis Ersatz (DM)
entf.	17,5	90	o. A.	o. A.	250	300	II	16,5	**o. A.**	o. A.
*	17,5	90	o. A.	o. A.	250	300	II & III	16,5	**o. A.**	o. A.
*	17,5	90	o. A.	o. A.	250	300	II & III	16,5	**o. A.**	o. A.
entf.	17,5	90	o. A.	o. A.	250	300	II & III	16,5	**o. A.**	o. A.
entf.	17,5	90	o. A.	o. A.	250	300	II & III	16,5	**o. A.**	o. A.
*	17,5	90	o. A.	o. A.	250	300	II & III	16,5	**o. A.**	o. A.
*	17,5	90	o. A.	o. A.	250	300	II & III	16,5	**o. A.**	o. A.
entf.	17,5	90	o. A.	o. A.	250	300	II & III	16,5	**o. A.**	o. A.
-	17,5	90	o. A.	o. A.	250	300	II & III	16,5	**o. A.**	o. A.
-	17,5	90	o. A.	o. A.	250	300	II & III	16,5	**o. A.**	o. A.
*	17,5	90	o. A.	o. A.	250	300	II & III	16,5	**o. A.**	o. A.
entf.	17,5	90	o. A.	o. A.	250	300	II & III	16,5	**o. A.**	o. A.
*	17,5	90	o. A.	o. A.	250	300	II & III	16,5	**o. A.**	o. A.
*	17,5	90	o. A.	o. A.	250	300	II & III	25	**o. A.**	o. A.
entf.	17,5	90	o. A.	o. A.	250	300	II & III	16,5	**o. A.**	o. A.
entf.	17,5	90	o. A.	o. A.	250	300	II & III	16,5	**o. A.**	o. A.
-	17,5	101,25	o. A.	o. A.	300	400	II & III	22	**o. A.**	o. A.
*	17,5	101,25	o. A.	o. A.	300	400	II	22	**o. A.**	o. A.
*	15	220	1100	o. A.	220	880	IV	23,7	**o. A.**	o. A.
*	11	220	1100	o. A.	220	880	IV	23,7	**o. A.**	o. A.
-	11	220	1100	o. A.	o. A.	o. A.	IV	23,7	**o. A.**	o. A.
*	13,5	220	1100	o. A.	220	880	IV	23,6	**o. A.**	o. A.
*	13,5	220	1100	o. A.	220	880	IV	23,6	**o. A.**	o. A.
*	13,5	300	1100	o. A.	220	880	IV	23,7	**o. A.**	o. A.
*	15	300	1100	o. A.	220	880	II & III	23,7	**o. A.**	o. A.
*	15	300	1100	o. A.	220	880	IV	23,7	**o. A.**	o. A.
-	10/16	250	o. A.	o. A.	450	600	IV	25	**o. A.**	38 950
-	6/10	250	1800	o. A.	450	600	IV	25	**o. A.**	37 050
-	16	450	1800	o. A.	450	600	IV	25	**38 800**	o. A.
-	16/17,5	190	1800	o. A.	450	600	IV	25	**o. A.**	28 050
-	16	250	1800	o. A.	450	600	IV	25	**37 300**	o. A.
-	16	250	o. A.	o. A.	450	600	IV	25	**o. A.**	42 600
-	16	450	1800	o. A.	450	600	IV	25	**42 450**	o. A.
-	16	450	1800	o. A.	450	600	IV	25	**42 450**	o. A.
-	16	450	1800	o. A.	450	600	IV	23	**42 100**	o. A.
-	16	450	1800	o. A.	450	600	IV	23	**42 100**	o. A.
-	16/17,5	190	1800	o. A.	450	600	IV	25	**o. A.**	31 700
-	16	250	1800	o. A.	450	600	IV	25	**40 900**	o. A.
-	12	450	1800	o. A.	450	600	IV	25	**o. A.**	o. A.
*	12	450	1800	o. A.	450	600	IV	23	**45 600**	o. A.
-	10	450	1800	o. A.	450	600	IV	26	**48 400**	o. A.
-	10	450	1800	o. A.	450	600	IV	o. A.	**o. A.**	o. A.
*	12	450	1800	o. A.	450	600	IV	25	**46 200**	o. A.
*	12	450	1800	o. A.	450	600	IV	25	**48 100**	o. A.

Gerätedaten

Röntgenstrahler	Kurzzeit-Nennleistung /Brennfleck (kW)		Anoden-material	Dreh-zahl (Upm)	Nenn-spannung (kV)	Anoden-Ø /Gewicht (mm/g)	Hoch-laufzeit (s)
Siemens							
Opti 150/12/50 C-100 L	50/1,0	12/0,4	ReWMoC	8500[1]	150	100/800	0,8
Opti 150/12/72 C-180 L	70/1,0	12/0,3	ReWMoC	8500[3]	150	100/800	0,8
Opti 150/40/102 C-l00 L	100/1,3	40/0,6	ReWMoC	8500[1]	150	100/800	0,8
Opti 150/40/150 C-100 L	150/1,8	40/0,6	ReWMoC	8500[1]	150	100/800	0,8
Opti 150/40/72 C-100 L	70/1,0	40/0,6	ReWMoC	8500[1]	150	100/800	0,8
P 125/20/40-80	40/2,0	20/1,2	W	2800[4]	125	80/380	0,8
P 50/10 MaW-90	10/0,4	entf.	ReWMo	2800[4]	50	90/680	0,8
P 50/2 Ma-90	3/0,4	3/0,2	Mo	2800[4]	50	90/680	0,8
P 50 Ma-0,4-90	7/0,4	entf.	Mo	2800[4]	50	90/680	0,8

Alle Angaben ohne Gewähr

Anodenmaterialien

W Wolfram
Mo Molybdän
WMo Wolfram-Molybdän
CW Graphit-Wolfram
WRe Wolfram-Rhenium
CWRe Graphit-Wolfram-Rhenium
ReWMo Rhenium-Wolfram-Molybdän
ReWMoC Rhenium-Wolfram-Molybdän-Graphit
ReV Rhenium-Verbund

Über-lage-rung	Anoden-winkel (°)	Wärmespeicher-fähigkeit (kJ) Anode	Strahler	Wärmeab-strahlung (J)	Langzeitleistung rotierend (W)	Lüfter (W)	Anwendungs-klasse	Gewicht (kg)	Preis (DM)	Preis Ersatz (DM)
*	16	450	1800	o. A.	450	600	IV	25	**36 350**	o. A.
*	12	450	1800	o. A.	450	600	IV	o. A.	**o. A.**	45 850
*	12	450	1800	o. A.	450	600	IV	25	**44 200**	o. A.
*	12	450	1800	o. A.	450	600	IV	25	**o. A.**	o. A.
*	12	450	1800	o. A.	450	600	IV	25	**45 950**	o. A.
-	17,5	85	1100	o. A.	300	450	III	23	**23 300**	o. A.
entf.	10,5/21	200	1100	o. A.	-	270	VII	12,6	**o. A.**	27 100
entf.	10,5/21	200	1100	o. A.	-	270	VII	12,6	**o. A.**	o. A.
entf.	10,5/21	200	1100	o. A.	-	270	VII	12,6	**25 750**	o. A.

Fußnoten zur Übersicht der Gerätedaten

* ja
\- nein
1 auch mit einer Drehzahl von 10 000 Upm erhältlich
2 auch mit einer Drehzahl von 17 000 Upm erhältlich
3 auch mit einer Drehzahl von 10 000 oder 17 000 Upm erhältlich
4 auch mit einer Drehzahl von 3400 Upm erhältlich
5 auch mit Drehzahlen von 2850 und 3400 Upm erhältlich
6 Wasserkühlung
7 Metall
8 Wasserkühlung, Metall
9 mit serienmäßiger Ölkühlung
10 bei Wasserkühlung: 500
11 Spezialröhre für Neuroradiologie
12 Langzeit-Nennleistung mit Ölkühlung: 1000 W
13 Langzeit-Nennleistung mit Ölkühlung: 2000 W
14 dritter Brennfleck: 1,0 bei 70 kW
15 dritter Brennfleck: 0,2 bei 12 kW
16 dritter Brennfleck: 0,3 bei 16 kW
17 dritter Brennfleck: 0,6 bei 49 kW
18 dritter und vierter Brennfleck: 0,2/8 kW; 0,3/12 kW
19 dritter bis fünfter Brennfleck: 0,2/8 kW; 0,3/12 kW; 0,9/80 kW
20 Philips-Trinodex: Material TZM (hochverdichtete, geschmiedete Anode; vgl. Kap. 4.3)
21 bei Wasserkühlung: 29
22 bei Wasserkühlung: 24

Ersatzröhren

Strahler	Bezugsquelle	Ersatzröhre	Kurzzeit-Nennleistung/ Brennfleck (kW)		Hersteller
Bi 125/12/50 R	Siemens	GD 35-12/50s-10	50/1,0	12/0,4	Nagel & Goller
Bi 125/12/50 R	Siemens	DI 10 HS-7/52-125	o. A./1,0	o. A./0,3	Comet
Bi 125/20/40 RL	Siemens	DI 65-18/60-150	o. A./0,6	o. A./0,3	Comet
Bi 125/30/101 R	Siemens	GD 36-30/100s-10	100/1,3	30/0,7	Nagel & Goller
Bi 125/30/101 R	Siemens	DI 101 HS-37/100-125	o. A./1,3	o. A./0,6	Comet
Bi 125/30/101 RS	Siemens	GD 38-30/100s-10	100/1,3	30/0,7	Nagel & Goller
Bi 125/30/50	Siemens	GD 11-30/50s-10	50/2,0	30/1,2	Nagel & Goller
Bi 125/30/50	Siemens	DI 10 H-32/60-125	o. A./2,0	o. A./1,2	Comet
Bi 125/30/50 CRL	Siemens	DI 10 HS-22/52-125	o. A./1,0	o. A./0,6	Comet
Bi 125/30/50 R	Siemens	GD 35-30/50s-10	50/1,0	30/0,7	Nagel & Goller
Bi 125/30/50 R	Siemens	DI 10 HS-22/52-125	o. A./1,0	o. A./0,6	Comet
Bi 125/30/50 R	Siemens	DI 10 HS-22/52-125	o. A./1,0	o. A./0,6	Comet
Bi 125/30/50 RS	Siemens	GD 37-30/50s-10	50/1,0	30/0,7	Nagel & Goller
Bi 125/30/51	Siemens	DI 10 H-32/60-125	o. A./2,0	o. A./1,2	Comet
Bi 125/30/52 R	Siemens	DI 10 HS-22/52-125	o. A./1,0	o. A./0,6	Comet
Bi 150/12/101 R	Siemens	DI 10 HS-7/95-150	o. A./1,3	o. A./0,3	Comet
Bi 150/12/102 CRL	Siemens	DI 69 B-10/100-150	o. A./1,3	o. A./0,6	Comet
Bi 150/12/50 R	Siemens	GD 35-12/50ss-10	50/1,0	12/0,4	Nagel & Goller
Bi 150/12/50 R	Siemens	DI 10 HS-7/52-150	o. A./1,0	o. A./0,3	Comet
Bi 150/30/101 R	Siemens	DI 101 HS-37/100-150	o. A./1,3	o. A./0,6	Comet
Bi 150/30/101 R	Siemens	DI 104 HS-37/100-150	o. A./1,3	o. A./0,6	Comet
Bi 150/30/101 R	Siemens	GD 36-30/100ss-10	100/1,3	30/0,7	Nagel & Goller
Bi 150/30/101 RS	Siemens	GD 38-30/100ss-10	100/1,3	30/0,7	Nagel & Goller
Bi 150/30/50	Siemens	GD 11-30/50ss-10	50/2,0	30/1,2	Nagel & Goller
Bi 150/30/50	Siemens	DI 10 H-32/60-150	o. A./2,0	o. A./1,2	Comet
Bi 150/30/50 CR	Siemens	DI 10 HS-22/52-150	o. A./1,0	o. A./0,6	Comet
Bi 150/30/50 CRL	Siemens	DI 10 HS-22/52-150	o. A./1,0	o. A./0,6	Comet
Bi 150/30/50 R	Siemens	GD 35-30/50ss-10	50/1,0	30/0,7	Nagel & Goller
Bi 150/30/50 R	Siemens	DI 10 HS-22/52-150	o. A./1,0	o. A./0,6	Comet
Bi 150/30/50 R	Siemens	DI 10 HS-22/52-150	o. A./1,0	o. A./0,6	Comet
Bi 150/30/50 RS	Siemens	GD 37-30/50ss-10	50/1,0	30/0,7	Nagel & Goller
Bi 150/30/51	Siemens	DI 10 H-32/60-150	o. A./2,0	o. A./1,2	Comet
Bi 150/30/52 R	Siemens	DI 10 HS-22/52-150	o. A./1,0	o. A./0,6	Comet
Bi 150/40/102 CRL	Siemens	DI 104 HS-37/100-150	o. A./1,3	o. A./0,6	Comet
Bi 150/40/102 R	Siemens	DI 104 HS-37/100-150	o. A./1,3	o. A./0,6	Comet
Bi 150/40/102 RL	Siemens	DI 104 HS-37/100-150	o. A./1,3	o. A./0,6	Comet
D 1022-HRT-09	General Electric	DI 7-20/40-125	o. A./2,0	o. A./1,0	Comet
D 1022-HRT-09	General Electric	DI 7-20/40-125	o. A./1,5	o. A./0,6	Comet
D 1046-HRT-FL	General Electric	DI 7-20/40-125	o. A./2,0	o. A./1,0	Comet
D 1047-HRT-18 N	General Electric	DI 7-20/40-125	o. A./1,5	o. A./0,6	Comet
D 1059-MX 75-09 R L.S.	General Electric	DI 71 H-22/48-150	o. A./2,0	o. A./1,0	Comet
D 1059-MX 75-09 R L.S.	General Electric	DI 59 D-0.6/1.2	o. A./1,0	o. A./0,6	Comet
D 1059-MX 75-09 R L.S.	General Electric	DI 71 H-22/48-150	o. A./1,5	o. A./0,6	Comet
D 1060-HRT-FL	General Electric	DI 7-20/40-125	o. A./1,5	o. A./0,6	Comet
D 1152-MX 75-FLR	General Electric	DI 71 HS-35/72-150	o. A./1,5	o. A./0,6	Comet
D 1152-MX 75-09 R H.S.	General Electric	DI 71 HS-35/72-150	o. A./2,0	o. A./1,0	Comet
D 1152-MX 75-09 R H.S.	General Electric	DI 59 B-0.6/1.2	o. A./1,0	o. A./0,6	Comet
D 1152-MX 75-09 R H.S.	General Electric	DI 71 HS-35/72-150	o. A./1,5	o. A./0,6	Comet
D 1152-MX 75-18 NR	General Electric	DI 71 HS-35/72-150	o. A./1,5	o. A./0,6	Comet
D 1176-Maxiray 100-09	General Electric	DI 10 H-32/60-150	o. A./2,0	o. A./1,0	Comet
D 1176-Maxiray 100-09	General Electric	DI 68 B-0.3/1.0	o. A./1,0	o. A./0,3	Comet
D 1176-Maxiray 100-09	General Electric	DI 101 HS-37/72-150	o. A./1,0	o. A./0,6	Comet

Ersatzröhren

Strahler	Bezugsquelle	Ersatzröhre	Kurzzeit-Nennleistung/ Brennfleck (kW)		Hersteller
D 1176-Maxiray 100–09	General Electric	DI 105–37/150–150	o. A./1,5	o. A./0,6	Comet
D 1176-Maxiray 100–09	General Electric	DI 65 B–0.3/0.6	o. A./0,6	o. A./0,3	Comet
D 1177-Maxiray 100–18	General Electric	DI 10 HS–52/95–150	o. A./2,0	o. A./1,0	Comet
D 1177-Maxiray 100–18	General Electric	DI 68 B–0.3/0.6	o. A./1,0	o. A./0,3	Comet
D 1177-Maxiray 100–18	General Electric	DI 101 HS–37/100–150	o. A./1,0	o. A./0,6	Comet
D 1177-Maxiray 100–18	General Electric	DI 105 HS–37/150–150	o. A./1,5	o. A./0,6	Comet
D 1177-Maxiray 100–18	General Electric	DI 65 B–0.3/0.6	o. A./0,6	o. A./0,3	Comet
D 1179-Maxiray 100-FL	General Electric	DI 101 HS–37/72–150	o. A./1,0	o. A./0,3	Comet
D 1179-Maxiray 100-FL	General Electric	DI 101 HS–37/72–150	o. A./1,0	o. A./0,6	Comet
DI 10 H–12/32–125	Comet	GD 8–12/32s–10 RE	32/1,0	12/0,6	Nagel & Goller
DI 10 H–12/32–150	Comet	GD 8–12/32ss–10 RE	32/1,0	12/0,6	Nagel & Goller
DI 10 H–12/60–125	Comet	GD 8–12/60s–10 RE	60/2,0	12/0,6	Nagel & Goller
DI 10 H–12/60–150	Comet	GD 8–12/60ss–10 RE	60/2,0	12/0,6	Nagel & Goller
DI 10 H–32/60–125	Comet	GD 8–32/60s–10 RE	60/2,0	32/1,0	Nagel & Goller
DI 10 H–32/60–150	Comet	GD 8–32/60ss–10 RE	60/2,0	32/1,0	Nagel & Goller
DI 10 H–4/32–125	Comet	GD 8–4/32s–10 RE	32/1,0	4/0,3	Nagel & Goller
DI 10 H–4/32–150	Comet	GD 8–4/32ss–10 RE	32/1,0	4/0,3	Nagel & Goller
DI 10 H–4/60–125	Comet	GD 8–4/60s–10 RE	60/2,0	4/0,3	Nagel & Goller
DI 10 H–4/60–150	Comet	GD 8–4/60ss–10 RE	60/2,0	4/0,3	Nagel & Goller
DI 10 HS–22/52–125	Comet	GD 31–32/52s–30	52/1,0	32/0,7	Nagel & Goller
DI 10 HS–22/52–150	Comet	GD 31–32/52ss–30	52/1,0	32/0,7	Nagel & Goller
DI 10 HS–22/52–150	Comet	GD 31–32/95ss–30	95/2,0	32/0,7	Nagel & Goller
DI 10 HS–22/95–125	Comet	GD 31–32/95s–30	95/2,0	32/0,7	Nagel & Goller
DI 10 HS–22/95–150	Comet	GD 31–32/95ss–30	95/2,0	32/0,7	Nagel & Goller
DI 10 HS–52/95–125	Comet	GD 31–52/95s–30	95/2,0	52/1,0	Nagel & Goller
DI 10 HS–52/95–150	Comet	GD 31–52/95ss–30	95/2,0	52/1,0	Nagel & Goller
DI 10 HS–7/52–125	Comet	GD 31–7/52s–30	52/1,0	7/0,3	Nagel & Goller
DI 10 HS–7/52–150	Comet	GD 31–7/52ss–30	52/1,0	7/0,3	Nagel & Goller
DI 10 HS–7/95–125	Comet	GD 31–7/95s–30	95/2,0	7/0,3	Nagel & Goller
DI 10 HS–7/95–150	Comet	GD 31–7/95ss–30	95/2,0	7/0,3	Nagel & Goller
DI 101 H–22/60–125	Comet	GD 12–22/60s–10 RE	60/1,3	22/0,6	Nagel & Goller
DI 101 H–22/60–150	Comet	GD 12–22/60ss–10 RE	60/1,3	22/0,6	Nagel & Goller
DI 101 HS–37/100–125	Comet	GD 32–35/100s–30	100/1,3	35/0,6	Nagel & Goller
DI 101 HS–37/100–150	Comet	GD 32–35/100ss–30	100/1,3	35/0,6	Nagel & Goller
DI 104 H–22/60–125	Comet	GD 12–22/60s–10 RE	60/1,3	22/0,6	Nagel & Goller
DI 104 H–22/60–150	Comet	GD 12–22/60ss–10 RE	60/1,3	22/0,6	Nagel & Goller
DI 104 HS–37/100–125	Comet	GD 32–35/100s–30	100/1,3	35/0,6	Nagel & Goller
DI 104 HS–37/100–150	Comet	GD 32–35/100ss–30	100/1,3	35/0,6	Nagel & Goller
DI 7–2/40–100	Comet	GD 7a–2/40–30	40/2,0	2/0,3	Nagel & Goller
DI 7–2/40–125	Comet	GD 7a–2/40s–30	40/2,0	2/0,3	Nagel & Goller
DI 7–20/40–100	Comet	GD 7a–20/40–30	40/2,0	20/1,0	Nagel & Goller
DI 7–20/40–125	Comet	GD 7a–20/40s–30	40/2,0	20/1,0	Nagel & Goller
DI 7–30/30–100	Comet	GD 7a–30/30–30	30/1,5		Nagel & Goller
DI 7–30/30–125	Comet	GD 7a–30/30s–30	30/1,5	30/1,5	Nagel & Goller
DI 71 H–22/48–150	Comet	GD 9–30/50ss–20 RE	50/2,0	30/1,2	Nagel & Goller
DI 71 HS–35/72–125	Comet	GD 40–35/75s–30	75/2,0	35/1,0	Nagel & Goller
DI 71 HS–35/72–150	Comet	GD 40–35/75ss–30	75/2,0	35/1,0	Nagel & Goller
DI 71 H–22/48–125	Comet	GD 9–30/50s–20 RE	50/2,0	30/1,2	Nagel & Goller
DI 9-„C" HS–21/50–125	Comet	GD 30–20/50s–30	50/1,2	20/0,6	Nagel & Goller
DI 9-„C" HS–21/50–150	Comet	GD 30–20/50ss–30	50/1,2	20/0,6	Nagel & Goller
DI 9-„C" HS–50/80–125	Comet	GD 30–50/80s–30	80/2,0	50/1,2	Nagel & Goller
DI 9-„C" HS–50/80–150	Comet	GD 30–50/80ss–30	80/2,0	50/1,2	Nagel & Goller

Ersatzröhren

Strahler	Bezugsquelle	Ersatzröhre	Kurzzeit-Nennleistung/ Brennfleck (kW)		Hersteller
DI 9-„C"-11/30-125	Comet	GD 6-12/30s-20 RE	30/1,2	12/0,6	Nagel & Goller
DI 9-„C"-11/30-150	Comet	GD 6-12/30ss-20 RE	30/1,2	12/0,6	Nagel & Goller
DI 9-„C"-2/30-125	Comet	GD 6-2/30s-20 RE	30/1,2	2/0,3	Nagel & Goller
DI 9-„C"-2/30-150	Comet	GD 6-2/30ss-20 RE	30/1,2	2/0,3	Nagel & Goller
DI 9-„C"-2/50-125	Comet	GD 6-2/50s-20 RE	50/2,0	2/0,3	Nagel & Goller
DI 9-„C"-2/50-150	Comet	GD 6-2/50ss-20 RE	50/2,0	2/0,3	Nagel & Goller
DI 9-„C"-30-125	Comet	GD 6-30s-20 RE	30/1,2		Nagel & Goller
DI 9-„C"-30-150	Comet	GD 6-30ss-20 RE	30/1,2		Nagel & Goller
DI 9-„C"-30/50-125	Comet	GD 6-30/50s-20 RE	50/2,0	30/1,2	Nagel & Goller
DI 9-„C"-30/50-150	Comet	GD 6-30/50ss-20 RE	50/2,0	30/1,2	Nagel & Goller
DI 9-„C"-50-125	Comet	GD 6-50s-20 RE	50/2,0		Nagel & Goller
DI 9-„C"-50-150	Comet	GD 6-50ss-20 RE	50/2,0		Nagel & Goller
DI 9-H-11/30-150	Comet	GD 6-12/30ss-20 RE	30/1,2	12/0,6	Nagel & Goller
DI 9-2/30-125	Comet	GD 6-2/30s-20	30/1,2	2/0,3	Nagel & Goller
DI 9-2/30-150	Comet	GD 6-2/30ss-20	30/1,2	2/0,3	Nagel & Goller
DI 9-2/50-125	Comet	GD 6-12/50s-20	50/2,0	2/0,3	Nagel & Goller
DI 9-2/50-150	Comet	GD 6-2/50ss-20	50/2,0	2/0,3	Nagel & Goller
DI 9-30-125	Comet	GD 6-30s-20	30/1,2		Nagel & Goller
DI 9-30-150	Comet	GD 6-30ss-20	30/1,2		Nagel & Goller
DI 9-30/50-125	Comet	GD 6-30/50s-20	50/2,0	30/1,2	Nagel & Goller
DI 9-30/50-150	Comet	GD 6-30/50ss-20	50/2,0	30/1,2	Nagel & Goller
DI 91 H-32/57-125	Comet	GD 6-32/55s-20 RE	55/2,0	32/1,2	Nagel & Goller
DI 91 H-32/57-150	Comet	GD 6-32/55ss-20 RE	55/2,0	32/1,2	Nagel & Goller
DI 91 HS-52/90-125	Comet	GD 30-50/80s-30	80/2,0	50/1,2	Nagel & Goller
DI 91 HS-52/90-150	Comet	GD 30-50/80ss-30	80/2,0	50/1,2	Nagel & Goller
DI 92 H-11/30-125	Comet	GD 6-12/30s-20 RE	30/1,2	12/0,6	Nagel & Goller
DI 92 HS-21/50-125	Comet	GD 30-20/50s-30	50/1,2	20/0,6	Nagel & Goller
DI 92 HS-21/50-150	Comet	GD 30-20/50ss-30	50/1,2	20/0,6	Nagel & Goller
HN 640	C.G.R. Koch & Sterzel	DI 9-30/50-150	o. A./1,8	o. A./1,0	Comet
HN 641	C.G.R. Koch & Sterzel	DI 9-30/50-150	o. A./1,8	o. A./1,0	Comet
HN 643	C.G.R. Koch & Sterzel	DI 92 H-11/30-150	o. A./1,2	o. A./0,6	Comet
Juvenix HD-703	C.G.R. Koch & Sterzel	DI 5-11/27-125	o. A./2,0	o. A./1,2	Comet
Juvenix HD-703	C.G.R. Koch & Sterzel	DI 5-11/27-125	o. A./2,0	o. A./0,3	Comet
Kostix HD-264-0	C.G.R. Koch & Sterzel	DI 91 HS-52/90-150	o. A./2,0	o. A./1,0	Comet
Kostix HD-266-0	C.G.R. Koch & Sterzel	DI 9 HS-7/50-150	o. A./1,2	o. A./0,3	Comet
Kostix HD-267-0	C.G.R. Koch & Sterzel	DI 92 HS-21/50-150	o. A./1,2	o. A./0,6	Comet
Kostix HD-268-0	C.G.R. Koch & Sterzel	DI 9 H-2/50-125	o. A./2,0	o. A./0,3	Comet
Kostix HD-269-0	C.G.R. Koch & Sterzel	DI 9-30/50-125	o. A./2,0	o. A./1,0	Comet
Kostix HD-270-0	C.G.R. Koch & Sterzel	DI 9-30/50-125	o. A./2,0	o. A./1,2	Comet
Kostix HD-271-0	C.G.R. Koch & Sterzel	DI 9 H-2/30-125	o. A./1,2	o. A./0,3	Comet
Kostix HD-271-1	C.G.R. Koch & Sterzel	DI 9-30-125	o. A./1,2	o. A./1,2	Comet
Kostix HD-272-0	C.G.R. Koch & Sterzel	DI 9-30/50-125	o. A./2,0	o. A./1,2	Comet
Kostix HD-273-0	C.G.R. Koch & Sterzel	DI 9-2/30-150	o. A./1,2	o. A./0,3	Comet
Kostix HD-273-1	C.G.R. Koch & Sterzel	DI 9-30-150	o. A./1,2	o. A./1,2	Comet
Kostix HD-275-0	C.G.R. Koch & Sterzel	DI 91 HS-52/90-150	o. A./2,0	o. A./1,0	Comet
Kostix HD-276-0	C.G.R. Koch & Sterzel	DI 9 HS-4/80-125	o. A./2,0	o. A./0,3	Comet
Kostix HD-277-0	C.G.R. Koch & Sterzel	DI 9 HS-4/50-125	o. A./1,2	o. A./0,3	Comet
Kostix HD-278-0	C.G.R. Koch & Sterzel	DI 9 HS-2/50-125	o. A./1,2	o. A./0,6	Comet
LWRT	General Electric	DI 5-11/27-125	o. A./1,8	o. A./0,8	Comet
M 632	C.G.R. Koch & Sterzel	GD 20-20/40ss-10 RE	40/1,2	20/0,6	Nagel & Goller
M 632 C	C.G.R. Koch & Sterzel	GD 20-20/40ss-10 RE	40/1,2	20/0,6	Nagel & Goller
M 633	C.G.R. Koch & Sterzel	GD 20-20/40s-10 RE	40/1,2	20/0,6	Nagel & Goller

Ersatzröhren

Strahler	Bezugsquelle	Ersatzröhre	Kurzzeit-Nennleistung/ Brennfleck (kW)		Hersteller
M 633 C	C.G.R. Koch & Sterzel	GD 20-20/40s-10 RE	40/1,2	20/0,6	Nagel & Goller
M 636	C.G.R. Koch & Sterzel	GD 20-8/40ss-10 RE	40/1,2	8/0,3	Nagel & Goller
M 636 C	C.G.R. Koch & Sterzel	GD 20-8/40ss-10 RE	40/1,2	8/0,3	Nagel & Goller
M 637	C.G.R. Koch & Sterzel	GD 20-8/40s-10 RE	40/1,2	8/0,3	Nagel & Goller
M 637 C	C.G.R. Koch & Sterzel	GD 20-8/40s-10 RE	40/1,2	8/0,3	Nagel & Goller
M 640	C.G.R. Koch & Sterzel	GD 19-30/50ss-10 RE	50/2,0	30/1,2	Nagel & Goller
M 640 C	C.G.R. Koch & Sterzel	GD 19-30/50ss-10 RE	50/2,0	30/1,2	Nagel & Goller
M 641	C.G.R. Koch & Sterzel	GD 19-30/50ss-10 RE	50/2,0	30/1,2	Nagel & Goller
M 641 C	C.G.R. Koch & Sterzel	GD 19-30/50s-10 RE	50/2,0	30/1,2	Nagel & Goller
M 642	C.G.R. Koch & Sterzel	GD 19-30/50s-10 RE	50/2,0	30/1,2	Nagel & Goller
M 642 C	C.G.R. Koch & Sterzel	GD 19-12/30ss-10 RE	30/1,2	12/0,6	Nagel & Goller
M 643	C.G.R. Koch & Sterzel	GD 19-12/30s-10 RE	30/1,2	12/0,6	Nagel & Goller
M 643 C	C.G.R. Koch & Sterzel	GD 19-12/30s-10 RE	30/1,2	12/0,6	Nagel & Goller
M 646 C	C.G.R. Koch & Sterzel	GD 19-2/30ss-10 RE	30/1,2	2/0,3	Nagel & Goller
M 647 C	C.G.R. Koch & Sterzel	GD 19-2/30s-10 RE	30/1,2	2/0,3	Nagel & Goller
Major H 640	C.G.R. Koch & Sterzel	DI 9-30/50-150	o. A./2,0	o. A./1,0	Comet
Major H 641	C.G.R. Koch & Sterzel	DI 9-30/50-150	o. A./2,0	o. A./1,0	Comet
Major H 642	C.G.R. Koch & Sterzel	DI 92 H-11/30-150	o. A./1,2	o. A./0,6	Comet
Major H 643	C.G.R. Koch & Sterzel	DI 92 H-11/30-150	o. A./1,2	o. A./0,6	Comet
Major Super HS 740	C.G.R. Koch & Sterzel	DI 91 HS-52/90-150	o. A./2,0	o. A./1,0	Comet
Major Super HS 741	C.G.R. Koch & Sterzel	DI 91 HS-52/90-150	o. A./2,0	o. A./1,0	Comet
Major Super HS 742	C.G.R. Koch & Sterzel	DI 92 HS-21/50-150	o. A./1,2	o. A./0,6	Comet
Major Super HS 743	C.G.R. Koch & Sterzel	DI 92 HS-21/50-150	o. A./1,2	o. A./0,6	Comet
MS 732	C.G.R. Koch & Sterzel	GD 34-30/70ss-10	70/1,2	30/0,6	Nagel & Goller
MS 733	C.G.R. Koch & Sterzel	GD 34-30/70s-10	70/1,2	30/0,6	Nagel & Goller
MS 736	C.G.R. Koch & Sterzel	GD 34-12/70ss-10	70/1,2	12/0,3	Nagel & Goller
MS 737	C.G.R. Koch & Sterzel	GD 34-12/70s-10	70/1,2	12/0,3	Nagel & Goller
MS 740	C.G.R. Koch & Sterzel	GD 33-50/80ss-10	80/2,0	50/1,2	Nagel & Goller
MS 741	C.G.R. Koch & Sterzel	GD 33-50/80s-10	80/2,0	50/1,2	Nagel & Goller
MS 742	C.G.R. Koch & Sterzel	GD 33-20/50ss-10	50/1,2	20/0,6	Nagel & Goller
MS 743	C.G.R. Koch & Sterzel	GD 33-20/50s-10	50/1,2	20/0,6	Nagel & Goller
MSN 740	C.G.R. Koch & Sterzel	DI 91 HS-52/90-150	o. A./1,8	o. A./1,0	Comet
MSN 741	C.G.R. Koch & Sterzel	DI 91 HS-52/90-150	o. A./1,8	o. A./1,0	Comet
MSN 742	C.G.R. Koch & Sterzel	DI 92 HS-21/50-150	o. A./1,2	o. A./0,6	Comet
MSN 743	C.G.R. Koch & Sterzel	DI 92 HS-21/50-150	o. A./1,2	o. A./0,6	Comet
Opti 150-40/72 C	Siemens	DI 101 HS-37/72-150	o. A./1,0	o. A./0,6	Comet
P 125-11	Siemens	DI 5-11/27-125	o. A./0,8	o. A./o. A.	Comet
P 125-2/30	Siemens	DI 9 H-2/30-125	o. A./1,2	o. A./0,3	Comet
P 125-2/50	Siemens	DI 9 H-2/50-125	o. A./2,0	o. A./0,3	Comet
P 125-20/40	Siemens	GD 10-20/40s-10	40/2,0	20/1,2	Nagel & Goller
P 125-30/50	Siemens	GD 11-30/50s-10	50/2,0	30/1,2	Nagel & Goller
P 125-30q	Siemens	DI 7-20/40-125 T	o. A./1,5	o. A./o. A.	Comet
P 125-30q	Siemens	GD 10-30s-10	30/1,2		Nagel & Goller
P 125/20/40	Siemens	DI 7-20/40-125 T	o. A./2,0	o. A./1,2	Comet
P 150-2/30	Siemens	DI 9 H-2/30-150	o. A./1,2	o. A./0,3	Comet
P 150-30/50	Siemens	GD 11-30/50ss-10	50/2,0	30/1,2	Nagel & Goller
RN 620	C.G.R. Koch & Sterzel	DI 10 H-32/60-150	o. A./1,8	o. A./1,0	Comet
RN 622	C.G.R. Koch & Sterzel	DI 101 H-22/60-150	o. A./1,2	o. A./0,6	Comet
RO 02 30/ROT 350	C.H.F. Müller	DI 9 H-2/30-150	o. A./1,2	o. A./0,3	Comet
RO 02 31/ROT 300	C.H.F. Müller	DI 7-2/40-125	o. A./1,2	o. A./0,3	Comet
RO 02 50/ROT 350	C.H.F. Müller	DI 9 H-2/50-150	o. A./2,0	o. A./0,3	Comet
RO 02 51/ROT 300	C.H.F. Müller	DI 7-2/40-125	o. A./2,0	o. A./0,3	Comet

Ersatzröhren

Strahler	Bezugsquelle	Ersatzröhre	Kurzzeit-Nennleistung/ Brennfleck (kW)		Hersteller
RO 11 30-125	C.H.F. Müller	GD 6-12/30s-10	30/1,2	12/0,6	Nagel & Goller
RO 11 30-150kV	C.H.F. Müller	GD 6-12/30ss-10	30/1,2	12/0,6	Nagel & Goller
RO 12 31/ROT 352	C.H.F. Müller	DI 59-13/37-150	o. A./1,2	o. A./0,6	Comet
RO 2 30-125-VU	C.H.F. Müller	GD 6-2/30s-10	30/1,2	2/0,3	Nagel & Goller
RO 2 50-125	C.H.F. Müller	GD 6-2/50s-10	50/2,0	2/0,3	Nagel & Goller
RO 2 50-150	C.H.F. Müller	GD 6-2/50ss-10	50/2,0	2/0,3	Nagel & Goller
RO 30 50-125kV	C.H.F. Müller	GD 6-30/50s-10	50/2,0	30/1,2	Nagel & Goller
RO 30 50-150kV	C.H.F. Müller	GD 6-30/50ss-10	50/2,0	30/1,2	Nagel & Goller
RO 30 50/ROT 350	C.H.F. Müller	DI 91 H-32/57-150	o. A./2,0	o. A./1,2	Comet
RO 30 51/ROT 300	C.H.F. Müller	DI 7-20/40-125	o. A./2,0	o. A./1,2	Comet
RO 30-125	C.H.F. Müller	GD 6-30s-10	30/1,2		Nagel & Goller
RO 30-150 U	C.H.F. Müller	GD 6-30ss-10	30/1,2		Nagel & Goller
Rotalix RO 12/31	C.H.F. Müller	DI 71 H-22/48-125	o. A./1,2	o. A./0,6	Comet
Rotalix 0.80/125	C.H.F. Müller	DI 7-20/40-125	o. A./2,0	o. A./1,2	Comet
Rotalix 0.90/150	C.H.F. Müller	DI 9-30/50-150	o. A./2,0	o. A./1,2	Comet
Rotalix 0-90/150	C.H.F. Müller	DI 9 H-2/50-150	o. A./2,0	o. A./0,3	Comet
Rotalix 0-90/150	C.H.F. Müller	DI 9 H-2/30-150	o. A./1,2	o. A./0,3	Comet
RÖ 15	C.H.F. Müller	DI 5-11/27-125	o. A./1,2	o. A./o. A.	Comet
RÖ 2/30	C.H.F. Müller	DI 9 H-2/30-125	o. A./1,2	o. A./0,3	Comet
RÖ 2/30-125u	C.H.F. Müller	GD 6-2/30s-10	30/1,2	2/0,3	Nagel & Goller
RÖ 2/50	C.H.F. Müller	DI 9 H-2/50-125	o. A./2,0	o. A./0,3	Comet
RÖ 30/50	C.H.F. Müller	DI 9-30/50-125	o. A./2,0	o. A./1,2	Comet
RS 732	C.G.R. Koch & Sterzel	GD 34-30/70ss-10	70/1,2	30/0,6	Nagel & Goller
RS 733	C.G.R. Koch & Sterzel	GD 34-30/70s-10	70/1,2	30/0,6	Nagel & Goller
RS 736	C.G.R. Koch & Sterzel	GD 34-12/70ss-10	70/1,2	12/0,3	Nagel & Goller
RS 737	C.G.R. Koch & Sterzel	GD 34-12/70s-10	70/1,2	12/0,3	Nagel & Goller
RS 740	C.G.R. Koch & Sterzel	GD 33-50/80ss-10	80/2,0	50/1,2	Nagel & Goller
RS 741	C.G.R. Koch & Sterzel	GD 33-50/80s-10	80/2,0	50/1,2	Nagel & Goller
RS 742	C.G.R. Koch & Sterzel	GD 33-20/50ss-10	50/1,2	20/0,6	Nagel & Goller
RS 743	C.G.R. Koch & Sterzel	GD 33-20/50s-10	50/1,2	20/0,6	Nagel & Goller
RS 746	C.G.R. Koch & Sterzel	GD 33-10/50ss-10	50/1,2	10/0,3	Nagel & Goller
RS 747	C.G.R. Koch & Sterzel	GD 33-10/50s-10	50/1,2	10/0,3	Nagel & Goller
RSN 720	C.G.R. Koch & Sterzel	DI 105 HS-37/100-150	o. A./1,8	o. A./1,0	Comet
RSN 722	C.G.R. Koch & Sterzel	DI 104 HS-37/100-150	o. A./1,2	o. A./0,6	Comet
RSN 726	C.G.R. Koch & Sterzel	DI 69 B-10/100-150	o. A./1,2	o. A./0,3	Comet
RSN 742	C.G.R. Koch & Sterzel	DI 93 HS-32/100-150	o. A./1,2	o. A./0,6	Comet
RSN 746	C.G.R. Koch & Sterzel	DI 58 B-9/63-150	o. A./1,2	o. A./0,3	Comet
RSN 772	C.G.R. Koch & Sterzel	DI 79 B-45/100-125	o. A./1,2	o. A./0,6	Comet
RSN 776	C.G.R. Koch & Sterzel	DI 78 B-13/100-125	o. A./1,2	o. A./0,3	Comet
Rush R 620	C.G.R. Koch & Sterzel	DI 10 H-32/60-150	o. A./2,0	o. A./1,0	Comet
Rush R 622	C.G.R. Koch & Sterzel	DI 10 H-12/35-150	o. A./1,2	o. A./0,6	Comet
Rush R 632	C.G.R. Koch & Sterzel	DI 93 H-20/60-150	o. A./1,2	o. A./0,6	Comet
Rush R 633	C.G.R. Koch & Sterzel	DI 93 H-20/60-150	o. A./1,2	o. A./0,6	Comet
Rush R 636	C.G.R. Koch & Sterzel	DI 58 D-9/63-150	o. A./1,2	o. A./0,6	Comet
Rush R 637	C.G.R. Koch & Sterzel	DI 58 D-9/63-150	o. A./1,2	o. A./0,6	Comet
Rush R 640	C.G.R. Koch & Sterzel	DI 91 H-32/57-150	o. A./2,0	o. A./1,0	Comet
Rush R 641	C.G.R. Koch & Sterzel	DI 91 H-32/57-150	o. A./2,0	o. A./1,0	Comet
Rush R 642	C.G.R. Koch & Sterzel	DI 92 H-11/30-150	o. A./1,2	o. A./0,6	Comet
Rush R 643	C.G.R. Koch & Sterzel	DI 92 H-11/30-150	o. A./1,2	o. A./0,6	Comet
Rush R 646	C.G.R. Koch & Sterzel	DI 9 H-2/30-150	o. A./1,2	o. A./0,3	Comet
Rush R 647	C.G.R. Koch & Sterzel	DI 9 H-2/30-150	o. A./1,2	o. A./0,3	Comet
Rush Super RS 720	C.G.R. Koch & Sterzel	DI 105 HS-37/150-150	o. A./2,0	o. A./1,0	Comet

Ersatzröhren

Strahler	Bezugsquelle	Ersatzröhre	Kurzzeit-Nennleistung/ Brennfleck (kW)		Hersteller
Rush Super RS 722	C.G.R. Koch & Sterzel	DI 10 HS-40/70-150	o. A./1,2	o. A./0,6	Comet
Rush Super RS 732	C.G.R. Koch & Sterzel	DI 93 HS-35/100-150	o. A./1,2	o. A./0,6	Comet
Rush Super RS 733	C.G.R. Koch & Sterzel	DI 93 HS-35/100-150	o. A./1,2	o. A./0,6	Comet
Rush Super RS 736	C.G.R. Koch & Sterzel	DI 93 HS-35/100-150	o. A./1,2	o. A./0,3	Comet
Rush Super RS 737	C.G.R. Koch & Sterzel	DI 93 HS-35/100-150	o. A./1,2	o. A./0,3	Comet
Rush Super RS 740	C.G.R. Koch & Sterzel	DI 91 HS-52/90-150	o. A./2,0	o. A./1,0	Comet
Rush Super RS 741	C.G.R. Koch & Sterzel	DI 91 HS-52/90-150	o. A./2,0	o. A./1,0	Comet
Rush Super RS 742	C.G.R. Koch & Sterzel	DI 92 HS-21/50-150	o. A./1,2	o. A./0,6	Comet
Rush Super RS 743	C.G.R. Koch & Sterzel	DI 92 HS-21/50-150	o. A./1,2	o. A./0,6	Comet
Rush Super RS 746	C.G.R. Koch & Sterzel	DI 93 HS-35/100-150	o. A./1,2	o. A./0,3	Comet
Rush Super RS 747	C.G.R. Koch & Sterzel	DI 93 HS-35/100-150	o. A./1,2	o. A./0,3	Comet
Rush Super RS 770	C.G.R. Koch & Sterzel	DI 105 HS-37/150-150	o. A./2,0	o. A./1,0	Comet
Rush Super RS 772	C.G.R. Koch & Sterzel	DI 79 B-40/110-125	o. A./1,2	o. A./0,6	Comet
Rush Super RS 774	C.G.R. Koch & Sterzel	DI 105 HS-37/150-150	o. A./2,0	o. A./0,6	Comet
Rush Super RS 776	C.G.R. Koch & Sterzel	DI 78 B-45/100-125	o. A./1,2	o. A./0,3	Comet
Rush Super RS 778	C.G.R. Koch & Sterzel	DI 78 B-13/100-125	o. A./1,2	o. A./0,3	Comet
Rush Super RS 790	C.G.R. Koch & Sterzel	DI 104 HS-37/100-150	o. A./2,0	o. A./1,0	Comet
Rush Super RS 794	C.G.R. Koch & Sterzel	DI 105 HS-37/150-150	o. A./2,0	o. A./0,6	Comet
Rush Super RS 796	C.G.R. Koch & Sterzel	DI 69 B-10/100-150	o. A./1,2	o. A./0,3	Comet
SRO 1230-125	C.H.F. Müller	GD 29-12/30s-40	30/0,6	12/0,3	Nagel & Goller
SRO 1230-150	C.H.F. Müller	GD 29-12/30ss-40	30/0,6	12/0,3	Nagel & Goller
SRO 1250 RE	C.H.F. Müller	DI 9 HS-4/50-150	o. A./1,2	o. A./0,3	Comet
SRO 1250-125kV	C.H.F. Müller	GD 29-12/50s-40	50/1,2	12/0,3	Nagel & Goller
SRO 1250-150kW	C.H.F. Müller	GD 29-12/50ss-40	50/1,2	12/0,3	Nagel & Goller
SRO 2050-125kV	C.H.F. Müller	GD 30-20/50s-40	50/1,2	20/0,6	Nagel & Goller
SRO 2050-150kV	C.H.F. Müller	GD 30-20/50ss-40	50/1,2	20/0,6	Nagel & Goller
SRO 2150 RE	C.H.F. Müller	DI 92 HS-21/50-150	o. A./1,2	o. A./0,6	Comet
SRO 2250-125kV	C.H.F. Müller	GD 30-20/50s-40	50/1,2	20/0,6	Nagel & Goller
SRO 2250-150kV	C.H.F. Müller	GD 30-20/50ss-40	50/1,2	20/0,6	Nagel & Goller
SRO 2550-125kV	C.H.F. Müller	GD 28-25/50s-40	50/1,0	25/0,6	Nagel & Goller
SRO 2550-150kV	C.H.F. Müller	GD 28-25/50ss-40	50/1,0	25/0,6	Nagel & Goller
SRO 3100-150kV	C.H.F. Müller	GD 29-3/100ss-40	100/1,5	3/0,2	Nagel & Goller
SRO 31100-150	C.H.F. Müller	GD 29-31/100ss-40	100/1,5	31/0,6	Nagel & Goller
SRO 31100/ROT 350	C.H.F. Müller	DI 93 HS-32/100-150	o. A./1,5	o. A./0,6	Comet
SRO 32100-150kV	C.H.F. Müller	GD 27-32/100ss-40	100/1,5	32/0,6	Nagel & Goller
SRO 33100-150kV	C.H.F. Müller	GD 27-32/100ss-40	100/1,5	32/0,6	Nagel & Goller
SRO 35100/ROT 500	C.H.F. Müller	DI 93 HS-32/100-150	o. A./1,2	o. A./0,6	Comet
SRO 35150/ROT 500	C.H.F. Müller	DI 93 HS-32/100-150	o. A./1,8	o. A./0,6	Comet
SRT 2550	C.H.F. Müller	DI 92 HS-21/50-150	o. A./1,0	o. A./0,6	Comet
Su. Rot. 150-50/100 EE	C.H.F. Müller	DI 91 HS-52/90-150	o. A./2,0	o. A./1,2	Comet
Super Rotalix 20/50	C.H.F. Müller	DI 92 HS-21/50-150	o. A./1,2	o. A./0,6	Comet
055	C.H.F. Müller	DI 5-11/27-125	o. A./1,8	o. A./0,8	Comet
075/100	C.H.F. Müller	DI 7-20/40-125	o. A./2,0	o. A./1,0	Comet
075/125	C.H.F. Müller	DI 7-20/40-125	o. A./2,0	o. A./1,2	Comet
1956/90-125kV	C.H.F. Müller	GD 9-30s-20	30/1,2		Nagel & Goller
21953/00-125kV	C.H.F. Müller	GD 9-30/40s-30	40/2,0	30/1,2	Nagel & Goller
21953/90-125kV	C.H.F. Müller	GD 9-30/40s-20	40/2,0	30/1,2	Nagel & Goller
21954/00-125kV	C.H.F. Müller	GD 9-2/30s-30	30/1,2	2/0,3	Nagel & Goller
21954/90-125kV	C.H.F. Müller	GD 9-2/30s-20	30/1,2	2/0,3	Nagel & Goller
21955/0125kV	C.H.F. Müller	GD 9-2/40s-30	40/2,0	2/0,3	Nagel & Goller
21955/90-125kV	C.H.F. Müller	GD 9-2/40s-20	40/2,0	2/0,3	Nagel & Goller
21956/00-125kV	C.H.F. Müller	GD 9-30s-30	30/1,2		Nagel & Goller

4 Physikalische Grundlagen

4.1 Röntgenbild

Das physikalische Grundprinzip der Röntgenaufnahme beruht auf der Durchstrahlung eines Patienten mit Röntgenstrahlen, der unterschiedlichen Schwächung der Röntgenstrahlen sowie der anschließenden Umwandlung der aus dem Körper austretenden Röntgenstrahlen in ein Bild.

Wenn ein Röntgenstrahlenbündel durch einen Teil des Körpers geschickt wird, zeigt die austretende Strahlung Intensitätsunterschiede, die man Strahlungskontraste nennt. Die Gesamtheit der Kontraste in dem austretenden Bündel ergibt ein Schattenbild des Gegenstandes, das als Strahlungsrelief bezeichnet wird.

Jedes Röntgenbild ist durch seinen Kontrast und seine Schärfe charakterisiert. Unter Kontrast versteht man die Helligkeitsunterschiede zwischen verschiedenen Details des im Bild dargestellten Objektbereichs. Die Unterschiede werden durch die unterschiedliche Schwächung der Röntgenstrahlung bei Durchgang durch das Objekt hervorgerufen. Bei entsprechender Strahlenqualität, die unter anderem durch die Höhe der Betriebsspannung, Spannungsform und Filterung beeinflußt ist, werden verschiedene Objektdetails in ihrem Kontrast sichtbar.

Ein wesentlicher Faktor für den Kontrastumfang des Röntgen-Schattenbildes ist die Strahlungshärte. Unterhalb von 60 kV spricht man von weicher, zwischen 60 und 100 kV von mittelharter und bei Betriebsspannungen oberhalb von 100 kV von harter Strahlung. Röntgenstrahlen bis 100 kV ergeben kontrastreichere Bilder als Röntgenstrahlen über 100 kV.

Um Organe oder Teile von ihnen mit geringem Schwächungsvermögen deutlicher von der Umgebung unterscheiden zu können, lassen sich zusätzlich künstliche Kontrastmittel einsetzen.

Die Absorptionsunterschiede können durch Wahl einer niedrigeren Spannung vergrößert werden, denn die Absorption verhält sich zur dritten Potenz der Wellenlänge – und diese zur Röhrenspannung – umgekehrt proportional.[4] Bei einer Spannung von 60 kV beträgt die Absorbtion beispielsweise das Vierfache im Verhältnis zu einer Spannung von 100 kV. Sehr geringe Absorbtionsunterschiede in einem Objekt können daher nur dann in wahrnehmbare Kontraste umgewandelt werden, wenn extrem niedrige Spannungen anliegen, z. B. bei der Mammographie.

Man kann jedoch die Spannung nicht unbegrenzt herabsetzen. Das liegt einmal an der Tatsache, daß das Objekt oder Teile davon dann nicht mehr durchdrungen werden, da die Strahlung vollständig absorbiert wird, zum anderen daran, daß niedrige Spannungen eine wesentlich höhere Strahlendosis (lange Belichtungszeiten, hohe Röhrenbelastung, hohe Hautdosis) zur Voraussetzung haben, um die erforderliche Belichtungsdosis auf dem Film zu erreichen. Eine höhere Röhrenspannung bedeutet im allgemeinen einen niedrigeren Schwächungskoeffizienten des Objekts. Das Ausmaß, in dem der Schwächungsgrad abnimmt, variiert beträchtlich und hängt von den Schwächungskoeffizienten der verschiedenen Gewebearten im Körper ab. Der Schwächungsgrad von Geweben mit Atomen hoher Ordnungszahl (z. B. Knochengewebe) im Bereich von 50 bis 125 kV und darüber nimmt relativ stärker ab als der Schwächungsgrad von Geweben mit Atomen niedriger Ordnungszahl, (z. B. Muskeln und Fett). Das bedeutet, daß die Kontraste vom Knochen zu den sie umgebenden Weichteilen bei Erhöhung der Röhrenspannung viel mehr abnehmen, als die Kontraste in den Weichteilen selbst oder zu den Weichteilchen, die Luft enthalten.

Eine Erhöhung der Spannung führt zu einer verhältnismäßig großen Zunahme der Streuung und diese zu einer Kontrastverminderung und schlechteren Auflösung der abzubildenden Struktur. Die Vorteile, die sich aus der Anwendung höherer Spannungen in der Röntgendiagnostik ergeben, sind folgende:

- kleiner Fokus
- geringe Patientendosis
- kurze Belichtungszeiten

Kleiner Fokus
Es kann ein kleinerer Fokus benutzt werden. Das erforderliche mAs-Produkt ist der dritten bis fünften Potenz der Röhrenspannung umgekehrt proportional. Die höchstzulässige Belastung für den Brennfleck in mA ist dagegen der Röhrenspannung direkt proportional. Das bedeutet, daß die Belastung des Brennflecks bei Erhöhung der Spannung bei gleichbleibender Schwärzung reduziert wird, so daß man einen feineren Brennfleck benutzen kann. Dadurch wird die geometrische Unschärfe verringert (vgl. Exkurs Bildschärfe).

Bildschärfe

Die Schärfe bzw. Unschärfe des in sichtbares Licht umgewandelten Röntgenstrahlenreliefs resultiert aus drei Faktoren:

- geometrische Unschärfe
- Unschärfe des bildgebenden Systems
- Bewegungsunschärfe

Geometrische Unschärfe
Die geometrische Unschärfe ist bedingt durch die Größe des Brennflecks auf der Anode der Röntgenröhre und seinem Abstand zum bildgebenden System. Sie wächst mit der Größe des Brennflecks (Abb. 4.1) sowie dem Fokus-Objekt- und dem Fokus-Film-Abstand (Abb. 4.2).

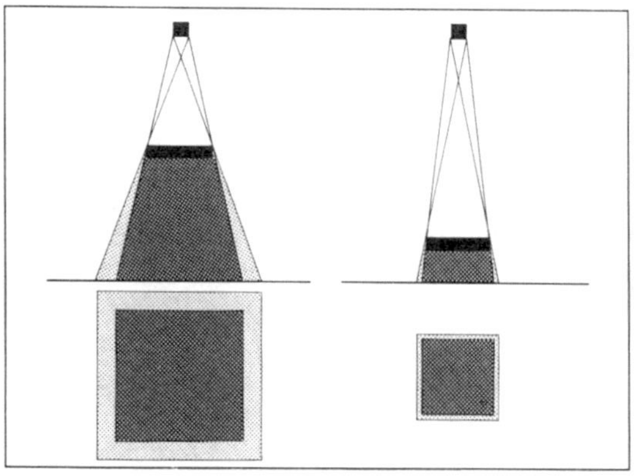

Abb. 4.1 Wirkung unterschiedlicher Brennfleckgrößen

Die Entstehung geometrischer Unschärfen ist primär darauf zurückzuführen, daß die Strahlenquelle, d. h. der Brennfleck, nicht punktförmig ist. Demzufolge ist die Entstehung eines Halbschattens zu beobachten, d. h. der Bereich allmählichen Übergangs zwischen dem tiefen Schatten und dem außerhalb liegenden beleuchteten Bereich.

Dieser Halbschatten ist um so kleiner, je kleiner der Fokus ist. Aus Abbildung 4.2 ist aber auch ersichtlich, daß der Halbschatten vom Fokus-Objekt- bzw. von dem Film-Fokus-Abstand abhängig ist.

Je näher das Objekt am bildgebenden System und je weiter der Fokus von beiden entfernt ist, desto kleiner ist der die Unschärfe verursachende Halbschatten bei vorgegebener Brennfleckgröße.

Die Forderung nach Begrenzung der geometrischen Unschärfe hat in der Praxis zu einer Verkleinerung der Brennflecke geführt (gängige Brennfleckgrößen liegen heute bei 0,6/1,2).[2]

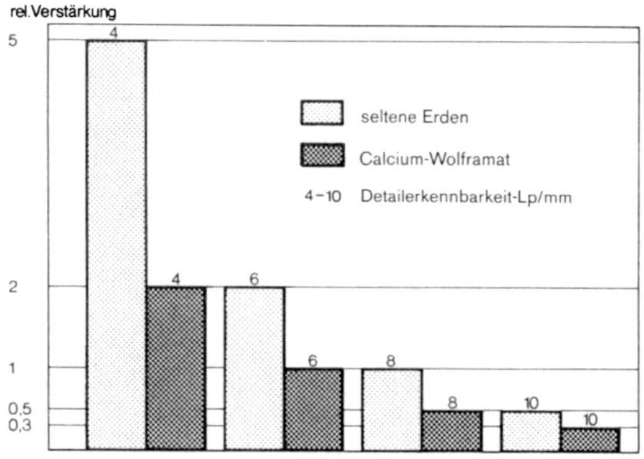

Abb. 4.2 Geometrische Unschärfe in Abhängigkeit vom Abstand Objekt-BV/Film

Der Nachteil kleinerer Brennflecke ist jedoch, daß sie nicht der gleichen Belastung standhalten wie größere. Man ist daher gezwungen, beispielsweise geringere Stromstärken bei gleicher Röhrenspannung anzuwenden, was wiederum längere Belichtungszeiten zur Folge hat, sofern man die gleiche Filmschwärzung erreichen will. Dadurch wird wiederum eine größere Bewegungsunschärfe verursacht. Der Ausweg aus diesem Dilemma ist, zumindest, soweit es sich um bewegte Objekte handelt, die Erhöhung der Röhrenspannung. Auf diese Weise kann das für eine gegebene Schwärzung erforderliche mAs-Produkt erheblich verkleinert werden, so daß entweder die Belichtungszeit verkürzt oder ein kleinerer Fokus benutzt werden kann, vorausgesetzt, daß der Brennfleck stets optimal belastet wird.

Offenbar führt die Unterbelastung zu einer Verlängerung der Belichtungszeit. Daher sind alle modernen Röntgeneinrichtungen so konstruiert, daß bei jeder Einstellung die Röhre automatisch nahezu voll belastet wird (vgl. Kap. 3).

Der Abstand zwischen Objekt und Film kann nur soweit vermindert werden, wie es der Körper erlaubt. Dadurch bedingt kann auch der Film-Fokus-Abstand nur bis zu einem gewissen Grad verändert werden.

Unschärfe des bildgebenden Systems
Die Unschärfe des bildgebenden Systems wird in der Hauptsache durch die in der jeweiligen Film-Folien-Kombination verwendete Verstärkerfolie bestimmt. Zusätzlich kann jedoch eine schlechte Anpressung der Folien an den Film innerhalb der lichtdicht schließenden Kassette die Unschärfe verstärken.

Wegen der langen Belichtungszeiten ist der Einsatz folienloser Filme aus Gründen des Strahlenschutzes verboten.[3] Ein Röntgenfilm kann lediglich ca. 5 % der Röntgenleistung zur Belichtung nutzen, die Verstärkerfolie dagegen wandelt ca. 95 % der Röntgenstrahlen in sichtbares Licht um. Deshalb hat die Verstärkerfolie entscheidenden Einfluß auf die Bildqualität bzw. die Belichtungszeit. Je größer die Empfindlichkeit (Verstärkung) der Folie ist, desto größer ist das Korn, zum Teil auch die Schichtdicke und die damit verbundene Unschärfe. Die Folien werden in fünf Empfindlichkeitsstufen eingeteilt:

- sehr fein zeichnend
- fein zeichnend
- universell verwendbar
- hochverstärkend
- höchstverstärkend

Die verschiedenen Film-Folien-Kombinationen haben jeweils eine andere Empfindlichkeit und ein unterschiedliches Auflösungsvermögen. Von Stufe zu Stufe fallen Dosisbedarf und Belichtungszeit etwa um die Hälfte ihres Wertes, so daß die Film-Folien-Kombinationen entsprechend den jeweiligen Untersuchungsanforderungen gewählt werden können. Die Universalfolie ist ein Kompromiß zwischen Korngröße (Schichtdicke), Unschärfe und Empfindlichkeit. Die Firmen geben die Empfindlichkeit ihrer Folien im Verhältnis zu den von ihnen angebotenen Universalfolien (= 1) an.

Durch die Verwendung von Folien aus seltenen Erden, die gegenüber den konventinellen Kalzium-Wolframat-Folien eine höhere Empfindlichkeit aufweisen, kann bei annähernd gleicher Bildqualität die Aufnahmedosis vermindert und damit die Belichtungszeit verkürzt werden (Abb. 4.3).

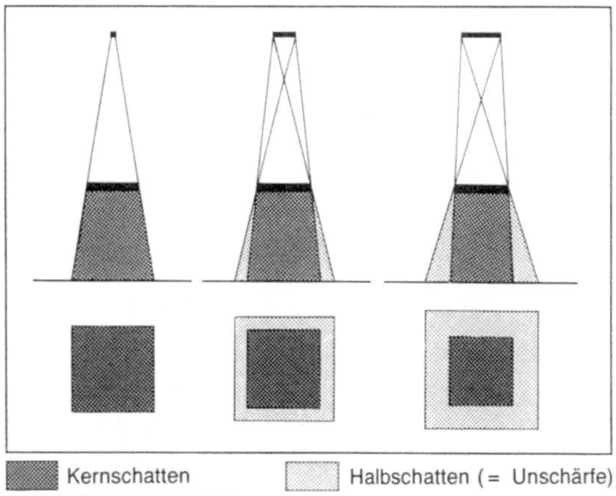

Abb. 4.3 Vergleich der Empfindlichkeit von Seltene-Erden- mit Kalzium-Wolframat-Folien

Bewegungsunschärfe

Ein weiteres Problem zur Erreichung einer ausreichenden Bildschärfe ergibt sich aus der Bewegungsunschärfe.

Eine Röntgenaufnahme ist nur dann völlig frei von Bewegungsunschärfe, wenn Brennfleck, Objekt und Film während der Belichtung relativ zueinander völlig in Ruhe sind. Brennfleck und Film können gewöhnlich genügend fixiert werden, die Bewegungen des menschlichen Körpers aber lassen sich nur zum Teil unterdrücken.

Zur Verminderung der Bewegungsunschärfe sollte man daher anstreben, sowohl die Bewegungsgeschwindigkeit als auch die Belichtungszeit zu verringern. Die Bewegung kann nur verlangsamt oder ausgeschaltet werden, wenn der Patient imstande ist, dabei mitzuwirken. Man kann auch Vorrichtungen zum Fixieren, wie etwa Sandsäcke, Kompressionsgurte u. ä. benutzen. Schwieriger wird die Aufgabe, wenn die Bewegungen halbautomatisch sind, wie z. B. die Atmung. Nicht zu unterdrücken sind die Bewegungen der inneren Organe und Bewegungen von Patienten mit neurologischen Störungen (z. B. Muskelzittern). In solchen Fällen ist ein Ruhigstellen nicht möglich, und nur sehr kurze Belichtungszeiten können die Bewegungsschärfe auf ein Minimum herabsetzen. Folgende Tabelle gibt Aufschluß über die Bewegungsgeschwindigkeiten einzelner Organe und die anzustrebenden Belichtungszeiten:

Bewegungsgeschwindigkeiten einzelner Organe

Organ	Bewegungsgeschwindigkeit	anzustrebende Belichtungszeit*
Herz	5 – 50 cm/s	10 ms
Lunge	2 – 15 cm/s	20 – 10 ms
Magen	2 – 25 cm/s	20 – 10 ms
Darm	2 – 25 cm/s	20 – 10 ms
Pulswelle**	5,2 cm/s	0,5 – 1 ms
Pulswelle***	8,3 cm/s	0,5 – 1 ms

* mit Raster und Folien der seltenen Erden
** im Alter von 5 Jahren
*** im Alter von 70 Jahren

2 vgl. Gerätedaten
3 Ausnahmen sind zur Zeit lediglich noch bei der Mammographie und für Zahnaufnahmen zulässig, die Entwicklung geht jedoch auch hier hin zum Einsatz von Film-Folien-Kombinationen.

Geringe Patientendosis
Die Patientendosis nimmt mit zunehmender Spannung ab, da die bei höheren Spannungen erzeugten Röntgenstrahlen härter sind und daher den Körper leichter durchdringen, so daß relativ mehr Strahlung für die Aufnahme zur Verfügung steht.

Bei der Anwendung hoher Spannungen in der Röntgendiagnostik ist es daher wegen der Streustrahlung sogar noch wichtiger, das Strahlenbündel weitmöglichst zu begrenzen.

Kurze Belichtungszeiten
Die Belichtungszeiten können verkürzt werden. Kürzere Belichtungszeiten verringern die Bewegungsunschärfe. Das ist besonders wichtig bei der Aufnahme schnell bewegter Teile wie des Herzens oder der Blutgefäße (vgl. Exkurs Bildschärfe).

4.2 Brennfleck

Zu unterscheiden sind der elektronische, thermische und der optisch wirksame Brennfleck.

Die an der Glühkathode gebündelten und beschleunigten Elektronen treffen auf den abgeschrägten Rand des Anodentellers auf, wo sie den elektrischen Brennfleck bilden.

Der thermische Brennfleck ist ein Ring, dessen Breite gleich der Länge des Strichbrennflecks ist. Die thermisch belastete Fläche der Drehanode ist also größer als die einer Festanode, so daß bei gleicher Brennfleckgröße eine wesentlich höhere Leistung zur Verfügung stehen.

Da die auf der Anode aufprallenden Elektronen ihre Geschwindigkeit weitgehend durch Wechselwirkung mit den Elektronen des Anodenmaterials verlieren, ist der Wirkungsgrad der Röntgenstrahlenerzeugung äußerst gering: ca. 99 % der in der Röntgenröhre umgesetzten Energie wird in Wärme umgewandelt, ⅔ davon bereits direkt im Brennfleck. Aufgrund der Konzentration von Wärmeenergie auf der extrem dünnen Schicht des Anodenmaterials im Brennfleck ist ein gutes Wärmeleitvermögen des Anodenmaterials zur Steigerung der Röhrenbelastbarkeit notwendig.

Während ältere Drehanodenröhren bei einer Brennfleckgröße von 2 mm eine Belastbarkeit von lediglich 40 kW während 0,1 s Schaltzeit erreichten, liegen die Belastungen moderner Drehanodenröhren bei gleichen Brennfleckabmessungen bis zu fünfmal höher.

Der für die geometrische Unschärfe verantwortliche optische Brennfleck (F_{opt}) ist infolge der projektiven Verkürzung aufgrund des Anodenwinkels kleiner als der elektronische Brennfleck (F_E), d. h., er ist kleiner als die Fläche der Anode, auf die die gebündelten Elektronen auftreffen.

Der elektronische Brennfleck bestimmt die Leistung der Röntgenröhre, der optische die Bildschärfe. Zwischen ihnen besteht folgende Beziehung:

$$F_E = \frac{Fopt}{\sin \alpha}$$

Je kleiner der Anodenwinkel ist, desto größer wird der elektronische gegenüber dem optischen Brennfleck, d. h., die Belastbarkeit des elektronischen Brennflecks steigt bei gleich großem optischen.

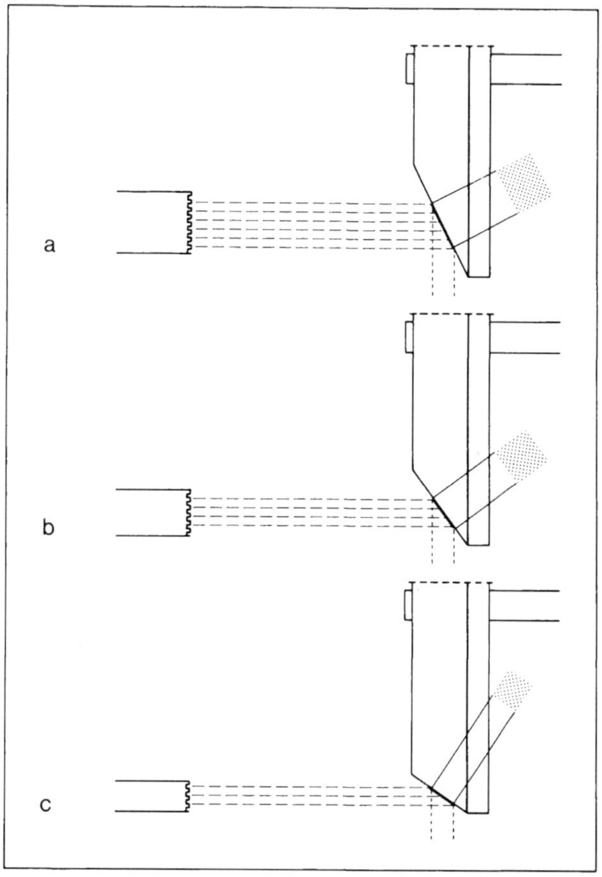

Abb. 4.4 Anodenwinkel und Brennfleckgröße

Bei den handelsüblichen Röntgenröhren werden Anodenwinkel zwischen 10 und 20 ° verwendet. Für 10 ° liegt der elektronische Brennfleck bei bei 6 x F_{opt}, für 20 ° entsprechend bei 3 x F_{opt}. Abbildung 4.4 veranschaulicht diese Beziehung.

Mit abnehmendem Anodenwinkel α hängt auch die Größe des ausleuchtbaren Bildformats (b) für einen bestimmten Film-Fokus-Abstand (FFA) ab (Abb. 4.5):

$$b = 2 \times FFA \times \tan \alpha$$

In der Praxis sind die Winkel jedoch um ca. 1 ° kleiner als errechnet, weil die Strahlenintensität bei kleinstem Ausstrahlungwinkel gegenüber der Anodenfläche stark abnimmt, so daß es zur Abbildung eines sogenannten Anodenschattens kommt.

Bei einem Winkel von 10 ° und einem Film-Fokus-Abstand von 70 cm kann also in Richtung der Röhrenlängsachse nur ein Bildformat von 22 cm ausgeleuchtet werden. Umgekehrt muß man bei einer Röhre mit einem Anodenwinkel von 15 ° einen Mindestabstand von 180 cm wählen, wenn man eine Filmlänge von 90 cm ausleuchten will, wie sie z. B. für die Darstellung der Wirbelsäule erforderlich ist.

Wegen der unterschiedlichen Anforderungen an die Röntgenaufnahme unbewegter und bewegter Objekte – unbewegte Objekte mit möglichst scharfer Abbildung, bewegte mit möglichst kurzer Belichtungszeit – erwies es sich als zweckmäßig, Röntgenröhren mit zwei verschieden dimensionierten Glühkathoden zu entwickeln. Die eine erzeugt einen scharf zeichnenden Brennfleck bei relativ geringer Leistung, während die andere einen größeren mit hoher Belastbarkeit bewirkt.

Die Angaben zur optischen Brennfleckgröße der Röntgenröhre beziehen sich auf die Richtung des jeweiligen Zentralstrahls, für deren Messung eine Lochkamera erforderlich ist.

Die Brennfleckgröße wird weiterhin von Röhrenspannung und -strom beeinflußt. Bei der Angabe der Brennfleckgröße müssen die jeweiligen Meßbedingungen deshalb exakt angegeben werden.

4.3 Anodenmaterial

Auf einer kleinen Anodenfläche von nur ca. 10 mm^2 werden innerhalb 1/10 s Leistungen bis zu 100 kW in Wärme umgewandelt. Daher kommen als Anodenmaterialien nur Metalle in Betracht, die einen möglichst hohen Schmelzpunkt und ein gutes Wärmeleitungsvermögen haben.

Die Wärme entwickelt sich hauptsächlich auf der obersten Anodenschicht unmittelbar unter dem Brennfleck. Da die Elektronen diese Schicht nicht durchdringen können, ist sie nur wenige µm dick. Die Wärme wird durch die Masse des Anodenkörpers abgeleitet.

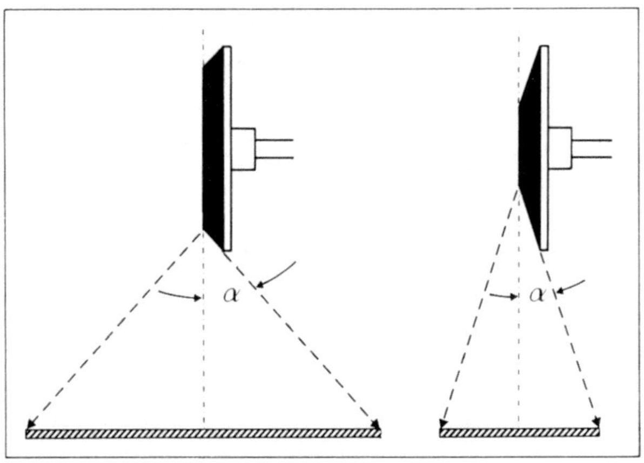

Abb. 4.5 Abhängigkeit der Bildbreite vom Anodenwinkel

Ordnungszahlen und Schmelzpunkte verschiedener Werkstoffe

Element	Chemisches Zeichen	Ordnungszahl	Schmelzpunkt °C
Silber	Ag	47	960,5
Kupfer	Cu	29	1083
Iridium	Ir	77	2454
Molybdän	Mo	42	2622
Osmium	Os	76	2700
Tantal	Ta	73	2996
Rhenium	Re	75	3170
Wolfram	W	74	3395

Während man in einer früheren Entwicklungsphase dünne Platin-Anoden in Kupfer bettete, ein Material mit sehr guten Wärmeleiteigenschaften, wurde Platin später durch Wolfram ersetzt, da die spezifische thermische Belastbarkeit bis zum Dreifachen von Platin beträgt. Außerdem liegt der Schmelzpunkt von Wolfram mit 3395 °C besonders hoch (vgl. Tab. Ordnungszahlen und Schmelzpunkte).

Die komplizierte Konstruktion von Drehanoden mit Wolframbändern, die in einen Kupferzylinder eingelassen waren, wurde schließlich durch massive Wolframelektroden ersetzt, indem man den Durchmesser der Anodenscheibe um etwa 50 % vergrößerte, um die gleiche spezifische Wärmebelastbarkeit zu erreichen.

Ein weiterer Schritt in der Entwicklung der Drehanodenröhre war das Unterfüttern der Wolframscheibe mit einer dicken Molybdänplatte: Die Wärme wird von einer Drehanodenscheibe durch Strahlung abgeführt, während die Kühlung über das Lagersystem vernächlässigbar klein ist. Molybdän ist bis zu 1000 °C temperaturbeständig. Dadurch ist es möglich, die abstrahlende Fläche gegenüber einer Kupferanode erheblich zu verkleinern, bei der man aufgrund der oberen Temperaturverträglichkeit von lediglich 450 °C komplizierte, verschachtelte Konstruktionen einsetzen mußte, um die erforderliche Fläche zur Verfügung zu stellen.

Darüber hinaus haben Wolfram-Molybdän-Verbundanoden den Vorteil, daß mechanische Festigkeit, Stabilität und Formbeständigkeit des Anodenkörpers durch zweckmäßige Formgebung der Einzelteile optimiert werden können. Bei hohen Temperaturen wird die Brennfleckbahn der Verbundanode durch den thermischen Zyklus von Expansion und Kontraktion ständig verformt. Dieser Vorgang führt zu einem stetigen Abfall der Strahlenausbeute, da die aufgerauhten Brennfleckbahnen die Röntgenstrahlen selbst innerhalb der Anode absorbieren.

Die Aufrauhung der Brennfleckbahnen wurde durch Legierung des Wolframs mit ca. 5 – 10 % Rhenium er-

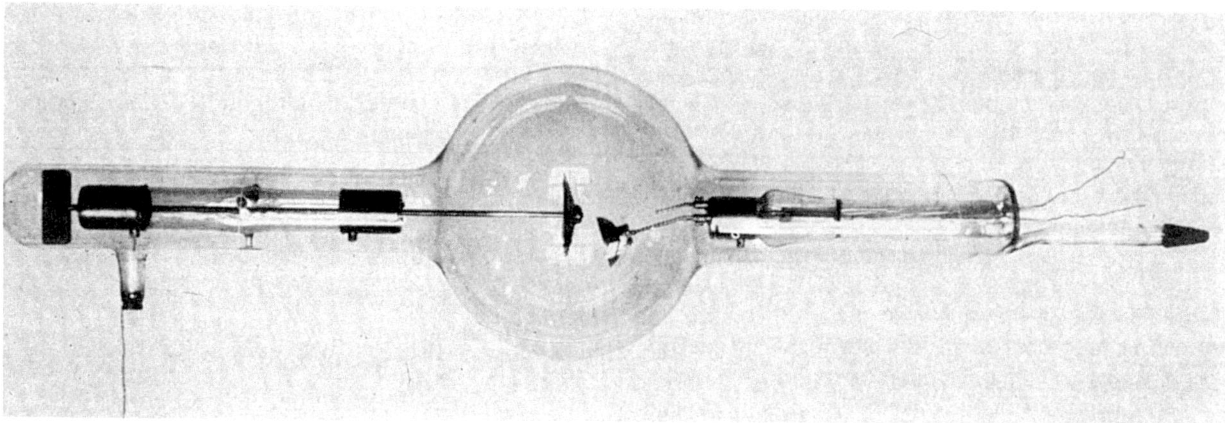

Frühe Drehanodenröhre; Foto: Siemens

heblich vermindert. Rheniumlegiertes Wolfram vergrößert die Elastizität des Anodenmaterials und senkt dadurch den Röhrenverschleiß.

Neben dem Verbund von Wolfram oder einer Wolframlegierung mit Molybdän wird auch Graphit verwendet. Bei gleicher Wärmekapazität ist Molybdän nur halb so schwer wie Wolfram, während Graphit nur ein Zehntel des Gewichts aufweist. Dadurch kann die Wärmekapazität durch Verwendung von Graphit bei gleichem Gesamtgewicht der Anode erheblich vergrößert werden. Die Wärmekapazität ist dabei proportional dem Volumen des Anodentellers.

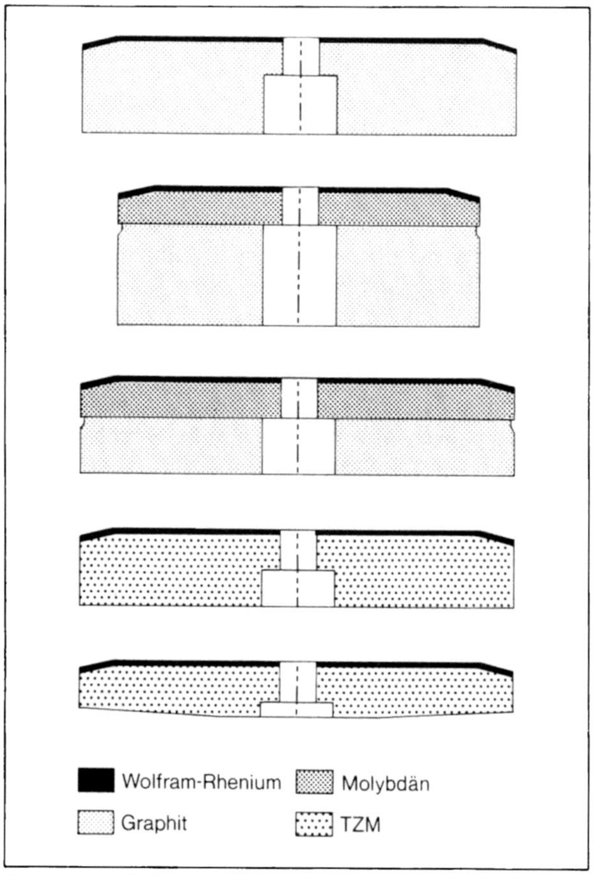

Abb. 4.6 Aufbau von Drehanodentellern

Das Wärmeabstrahlungsvermögen kann weiterhin durch eine einseitige schwarze Beschichtung des Anodentellers verbessert werden, die eine Temperaturerniedrigung von bis zu 250 °C ermöglicht.

Wolfram und Molybdän sind bei Temperaturen bis zu 200 °C fast undehnbar. Diese für den Röhrenbau wichtige Eigenschaft wird als Kaltsprödigkeit bezeichnet. Bei großer thermischer Belastung eines kalten Anodentellers entstehen starke mechanische Spannungen zwischen den kalten und erhitzten Zonen des Anodentellers. Diese Kaltbelastungen können radiale Sprünge im Anodenteller bewirken. Schmale Sprünge wirken sich insbesondere bei normaltourigen Röhren nicht negativ aus. Ein breiter Spalt dagegen ruft durch Unwucht ein starkes Laufgeräusch hervor, Elektronen können durch den Spalt auf den Glaskolben treffen und ihn anschmelzen oder zerbrechen. Dabei werden Gase frei, und es treten Entladungen auf. Daher ist es wichtig, daß das Schutzgehäuse des Strahlers so stabil ausgeführt ist, daß ein Zerspringen des Anodentellers aufgefangen wird. Insbesondere das Strahlenaustrittsfenster muß gesichert sein, um das Ausfließen von heißem Öl zu verhindern.

Bei der Belastung der Röhre treten mechanische Spannungen zwischen den wärmeren und kälteren Partien des Anodentellers auf. Während das Anodenmaterial in kaltem Zustand spröde ist, erhält es bis zu ca. 1200 °C eine gewisse Elastizität. Bei höheren Temperaturen sinkt die Zugfestigkeit jedoch so stark, daß es zu einer plastischen Verformung des Anodentellers kommen kann.

Dabei wird der Anodenwinkel manchmal kleiner, so daß das Bildfeld anodenseitig beschnitten wird. Hat sich der Anodenwinkel jedoch gleichmäßig auf dem gesamten Umfang verkleinert, läßt sich die Röhre weiter benutzen.

Bei ungleichmäßigen Wölbungen vergrößert sich auch der Brennfleck in der Röhrenlängsachse. Die Brennflecklage wandert mit der Anode. Der Brennfleck selbst vergrößert sich, das Bild wird unschärfer.

Um Tellersprünge zu vermeiden, sind die Anodenteller nach längeren Betriebspausen daher langsam anzuwärmen.

Neuere Röntgenröhren verfügen über sogenannte entspannte Anodenteller. Dünne, radiale Einschnitte unterbrechen die Ringspannungen im Anodenteller, so daß sie in kaltem und warmen Zustand völlig sprungfest sind.

Röhren mit entspannter Anode sind speziell für hoch beanspruchte Aufnahmeplätze zu empfehlen.

Die Entwicklung neuester Röntgenröhren geht in zwei sich ergänzende Richtungen: geschmiedete Verbundanodenteller für Hochleistungs-Drehanoden und Metall-Keramik-Röhren mit doppelseitig gelagerter Drehanode.

Geschmiedete Metalle haben gegenüber den im Sinterverfahren hergestellten durch die hohe Verdichtung des Materials eine sehr feine Kristallstruktur und eine größere Festigkeit.

Durch die doppelseitige Lagerung wird die Lebensdauer der Drehanoden erhöht, die Verwendung von Me-

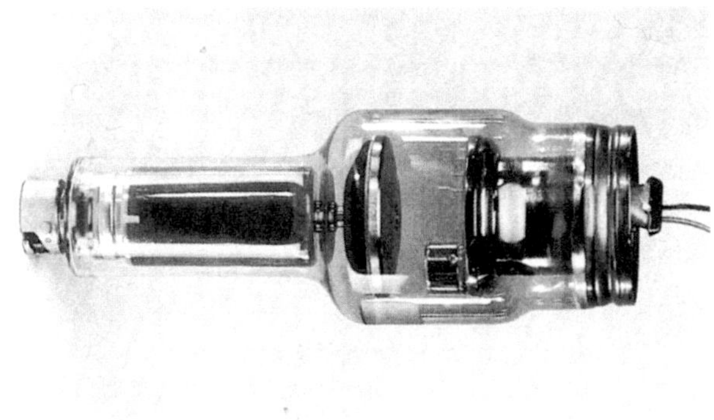

Moderne Drehanodenröhre; Foto: C. H. F. Müller

tall für Röhrenkolben und Keramik für Isolatoren erlaubt wesentlich engere Fertigungstoleranzen und damit eine bessere Qualität als die herkömmliche Verwendung von Glas.

Die derzeit besten Metallanodenteller für Hochleistungs-Röntgenröhren sind aus Molybdän mit Beimengungen von Titan, Zirkonium und Kohlenstoff als Grundkörper (TZM) und einer Wofram-Rhenium-Auflage gefertigt.

Die Fotos zeigen die Entwicklung der Röntgenröhre von einer frühen Drehanodenröhre über eine moderne Drehanodenröhre bis zur Hochleistungs-Keramik-Röntgenröhre.

Hochleistungs-Keramik-Röntgenröhre;
Foto: C. H. F. Müller

Die Kugellager von Drehanodenröhren liegen in einem Vakuum. Weichmetalle wie Blei und Silber dienen hier als Schmiermittel, da sich Fette und Öle während des Betriebs zersetzen und Gas freigeben würden. Die Haftung der Schmiermetalle auf der Oberfläche der Kugeln und Laufringe sowie Ausgleichsmechanismen für die thermische Ausdehnung im Lagersystem sollen die einwandfreie Drehung der Anode garantieren.

Bei großer Belastung der Röntgenröhre können im Kugellager Temperaturen auftreten, die das Material fast zum Glühen bringen. Diese Temperaturen, hohe Drehzahlen, Einflüsse des Vakuums, wie z. B. der Kaltschweißeffekt, sowie die Trockenschmierung bewirken einen hohen Verschleiß des Lagers. Lagerschäden gehören zu den häufigsten Defekten einer Drehanodenröhre: Die Anode läuft nicht mehr an, so daß die gesamte Energie auf einen Punkt der stehenden Anode konzentriert wird. Dieser Effekt führt bei Temperaturen über 3000 °C zur Anschmelzung des Wolframs in der Brennfleckbahn. In diesem Fall ist die Röhre aufgrund der Metallisierung des Glaskolbens nicht mehr spannungssicher.

4 Je niedriger eine Spannung ist, um so größer sind die Strahlenkontraste:
$A \sim \lambda^3, \lambda \sim \frac{1}{U} \rightarrow A \sim \frac{1}{U^3}$
(A: Absorption, λ: Wellenlänge [nm], U: Spannung [kV])

5 Sicherheit und Inspektion

5.1 Sicherheit

Röntgengeräte müssen die üblichen medizintechnischen Sicherheitsanforderungen erfüllen:

- Das Gerät muß sicher sein
- Der Raum muß sicher sein
- Die Anwendung muß sicher sein

Diese Anforderungen sind im wesentlichen in der Medizingeräte-Verordnung (MedGV), der Röntgenverordnung (RöV) und dem Eichgesetz näher geregelt (vgl. Anhang II). Während sich letztere ausschließlich auf den Strahlenschutz für Patienten, Bediener und Dritte beziehen, sind für Röntgensysteme als Geräte der Gruppe 3 der MedGV auch die Anforderungen einer ordnungsgemäßen Instandhaltung und Fachkunde des Bedienerpersonals einschließlich der erforderlichen Einweisung geregelt.[5]

§ 10 Abs. 1 fordert unter Verweis auf § 6 Abs. 3 (allgemeine Fachkunde und praktische Erfahrungen), daß Röntgengeräte nur von Personen angewendet werden dürfen, die am Gerät unter Berücksichtigung der Gebrauchsanweisung in die sachgerechte Handhabung eingewiesen worden sind.

Die sicherheitstechnischen Anforderungen lassen sich generell in die der elektrischen Sicherheit, der mechanischen Sicherheit und die des Strahlenschutzes einteilen.

5.1.1 Elektrische Sicherheit

Zur Gewährleistung der elektrischen Sicherheit muß besonders auf die IEC-Richtlinie 513 hingewiesen werden, die grundlegende Aspekte der Sicherheit elektrischer Einrichtungen und ihrer medizinischen Anwendung behandelt. Sie gibt einen kurzen Überblick über die Gefahrenquellen im Umgang mit medizintechnischen Geräten und deren Vermeidung durch sicherheitsgerechte Installation, bestimmungsgemäßen Gebrauch, regelmäßige Inspektion und „sicherheitsgerechte Gestaltung" (DIN 31 000).

Darüber hinaus sind auch die DIN-VDE-Richtlinien 0107 und 0750 einzuhalten.

Die Netzversorgung muß den Anforderungen der Röntgenanlagen besonders hinsichtlich eines Potentialausgleichs und des richtigen Netzwiderstandes genügen (VDE 0100, 0750; zu den VDE- und DIN-Normen sowie weiteren Vorschriften und technischen Regeln vgl. auch Anhang II).

Die Einhaltung der in den jeweiligen VDE-Richtlinien geregelten Vorschriften für die elektrische Sicherheit kann durch regelmäßige Inspektionen gewährleistet werden (vgl. Kap. 5.2).

5.1.2 Mechanische Sicherheit

Zur Gewährleistung der mechanischen Sicherheit von Röntgenanlagen muß neben der Medizingeräteverordnung insbesondere die DIN 6828 Teil 1 und 2, „Mechanische Sicherheit von Anlagen zur medizinischen Anwendung ionisierender Strahlung", beachtet werden. Der Hersteller muß garantieren, daß die von ihm vertriebenen Geräte sicher sind. Die Mechanik der Geräte sollte sowohl bei der Übergabe (Eingangsinspektion) als auch durch wiederkehrende Inspektionen bei Betrieb der Anlage seitens eines hauseigenen Röntgentechnikers überprüft werden (vgl. Kap. 5.2).

5.1.3 Strahlenschutz

Im Mittelpunkt der Frage nach dem sicheren Einsatz von Röntgengeräten steht die Forderung nach einem optimalen Strahlenschutz für das Personal und die Patienten.

Grundlage für den Strahlenschutz in der Bundesrepublik Deutschland sind folgende Gesetze und Verordnungen (vgl. dazu im einzelnen Anhang II – Atomgesetz und Strahlenschutz):

- Atomgesetz in der Neufassung vom 31.07.1985
- Verordnung über den Schutz vor Schäden durch Röntgenstrahlung – Röntgenverordnung (RöV) – vom 01.03.1973[6]

- Richtlinien des Bundesministeriums für Jugend, Familie und Gesundheit vom 02.01.1974 und 15.03.1974 (Durchführung der Röntgenverordnung)

Darüber hinaus wurden vom Normenausschuß Radiologie (NAR) im Deutschen Institut für Normung e. V. (DIN) auf der Basis von Empfehlungen der Internationalen Kommission für Strahlenschutz (ICRP) und der entsprechenden Euratom-Richtlinien mehrere Hinweise formuliert.

Auf der Grundlage des dreistufigen Sicherheitskonzeptes können auch die für den Strahlenschutz maßgeblichen Vorschriften in drei Kategorien eingeteilt werden:

- Strahlenschutzvorschriften für das Gerät
- Vorschriften für den baulichen Strahlenschutz
- Vorschriften für den personenbezogenen Strahlenschutz

Strahlenschutzvorschriften für das Gerät

Nach §§ 4, 7 – 10 RöV bedarf es für den genehmigungsfreien Betrieb einer Röntgeneinrichtung der Zulassung des Röntgenstrahlers. In Deutschland wird diese Zulassung aufgrund einer Bauartprüfung durch die Physikalisch-Technische Bundesanstalt (PTB) erteilt.

Aus den letzten Ziffern der Zulassungsnummer ist das Jahr der Erstzulassung zu ersehen. Eine Zulassung ist auf zehn Jahre begrenzt. Darauf sollte bei der Planung geachtet werden.

Strahler ohne Zulassung bedürfen vor Inbetriebnahme eines Genehmigungsverfahrens entsprechend § 3 RöV.

Vorschriften für den baulichen Strahlenschutz

Der bauliche Strahlenschutz ist hauptsächlich durch die §§ 15 – 17 RöV und die DIN 6811 und 6812 geregelt: Errichtung von medizinischen Röntgeneinrichtungen bis 300 kV, Abgrenzung der Kontrollbereiche, Abgrenzung des Röntgenraumes usw.

Neben den üblichen Bauunterlagen muß der zuständigen Landesbehörde ein spezieller Strahlenschutzplan vorgelegt werden. In diesem Strahlenschutzplan sind die Kontroll- und Überwachungsbereiche entsprechend § 15 RöV auszuweisen. Der Kontrollbereich umfaßt Röntgenräume, in denen berufstätige Personen zwischen 0,3 und 1 mSv[7] (30 und 100 mrem)/Woche ausgesetzt sein können. Im Überwachungsbereich liegen die Werte zwischen 0,03 und 0,3 mSv (3 und 30 mrem)/ Woche. Die zuständige Behörde kann bestimmen, daß weitere Bereiche als Kontroll- oder als Überwachungsbereiche zu behandeln sind, wenn dies zum Schutz einzelner oder der Allgemeinheit erforderlich ist.

Die Einteilung in Kontroll- und Überwachungsbereiche gilt nicht nur während der Einschaltzeit des Röntgengerätes, sondern auch während der Betriebsbereitschaft, d. h., während die Anlage eingeschaltet ist, ohne zu strahlen.

Innerhalb der Kontrollbereiche dürfen keine Umkleidekabinen, Arbeitsplätze oder Verkehrswege liegen. Es sollte auch vermieden werden, daß Patienten, die auf die Untersuchung warten, in den Streustrahlenbereich bereits laufender Untersuchungen geraten. Jeder Raum, in dem eine Röntgenuntersuchung stattfindet, muß daher deutlich sichtbar mindestens durch die Worte „Kein Zutritt – Röntgen“ gekennzeichnet werden. In der Regel muß diese Kennzeichnung an jedem Röntgenraum einschließlich des Schaltraumes dauerhaft angebracht werden (§ 16 RöV).

Je größer die Leistungsfähigkeit des Röntgengerätes und je höher die zu erwartende Nutzungsfrequenz sind, desto stärker und unter Umständen schwerer ist der bauliche Strahlenschutz auszuführen (DIN 6811, 6812). Daher ist bei der Bauplanung neben der Decken- und/ oder Fußbodenbelastung der gewünschten Röntgenanlage auch die Gewichtsbelastung zu berücksichtigen.

Die baulichen Strahlenschutzvorkehrungen sind für die Seitenwände, Türen, Fußboden und Decke des Röntgenraums auszulegen. Bei Gebäuden, die vor Inkrafttreten der Röntgenverordnung gebaut wurden, werden meist Mängel in der Statik des Gebäudes festgestellt, so daß unter Umständen aufwendige zusätzliche Baumaßnahmen die Errichtung der Röntgenanlagen erschweren.

Vorschriften für den personenbezogenen Strahlenschutz

Durch die Röntgenverordnung werden die wesentlichen Schutzvorschriften geregelt, die dem Strahlenschutz der Patienten und des Personals dienen (§§ 23, 25, 27 und 28).

Die Schädigung des Menschen durch Strahleneinwirkung ist abhängig von der Höhe der Dosis, der zeitlichen Dosisverteilung und der Beschaffenheit des biologischen Gewebes. Daher stellt die gleiche Strahlendosis für die verschiedenen Menschen eine unterschiedliche Belastung dar.

Grundlage des personenbezogenen Strahlenschutzes ist die Forderung des § 12 RöV, wonach die Strahlenbelastung von Personen so gering wie möglich zu halten ist.

Diese allgemeine Forderung wird hinsichtlich des Schutzes der Patienten durch die §§ 23 Abs. 1 (Schutz der Keimdrüsen und der Leibesfrucht), § 25, Abs. 1 und 2 (Grundsätze bei der Röntgenuntersuchung des Kopfes und der Gliedmaßen), § 27 Abs. 2 (Anwendung von Röntgenstrahlen bei bestehender Schwangerschaft) und § 28 Abs. 1 und 3 (Anwendung von Röntgenstrahlen auf Säuglinge, Kinder und Jugendliche) spezifiziert. Für die Patienten sind bei Zahn- und Kieferaufnahmen Schutzeinrichtungen mit mindestens 0,4 mm Bleigleichwert und für den übrigen Körper Einrichtungen ausreichender Stärke zum Schutz der Keimdrüsen, der Ovarien sowie des Hodens (DIN 6813) bereitzuhalten.

Über diese Vorschriften hinaus wird der Schutz der Patienten im wesentlichen durch jene Regelungen der Röntgenverordnung bestimmt, die festlegen, daß Röntgeneinrichtungen nur von Personen betrieben werden dürfen, die über das für den Strahlenschutz erforderliche Fachwissen verfügen. Dadurch soll unter anderem sichergestellt werden, daß die Zahl der Aufnahmen die Strahlenexposition des Patienten auf das für die diagnostische Information nötige Minimum begrenzt.

Neben den Ärzten müssen daher auch die MTAs, MTRs, Schwestern und Pflegekräfte über Kenntnisse möglicher Strahlengefährdung und anzuwendender Schutzmaßnahmen verfügen.

Grundregel des Strahlenschutzes für das Personal ist die Beachtung von drei physikalischen Prinzipien:

- Abschirmung
  Schutz des Körpers mit Schutzschürzen, Schutzplatten usw.
- Abstand
  möglichst große Entfernung zur Strahlenquelle
- Zeit
  kurze Verweildauer im Strahlenfeld

Für den Betrieb von Röntgenanlagen sind Kontrollbereiche in der RöV definiert.

Der Kontrollbereich ist ein Raum, ein Teil eines Raums, eine Gruppe von Räumen oder ein abgrenzbarer Bezirk eines Freigeländes, in dem wegen der dort zu erwartenden Strahlenexposition Zutritts- und Aufenthaltsbeschränkungen sowie Überwachung erforderlich sind. Über das Aufenthaltsrecht im Kontrollbereich der Röntgenuntersuchung informiert die Röntgenverordnung (vgl. Exkurs).

Gemäß § 40 RöV besteht für Personen, die sich im Kontrollbereich aufhalten, die Verpflichtung, die Personendosis zu messen. Die Beschaffung geeigneter Meßgeräte (Dosimeter) gehört zu den Aufgaben des Betreibers der Röntgeneinrichtung, z. B. der Krankenhausleitung.

Für die Personendosimetrie stehen zwei unterschiedliche Meßverfahren zur Verfügung: das Pen- oder Taschendosimeter (T) und das Filmdosimeter (F).

Das Taschendosimeter nutzt die Ionisation der Luft durch Röntgenstrahlen aus. Am Taschendosimeter wird der Spannungsabfall mit einem Fadenelektrometer angezeigt; die aufgelaufene Dosis kann jederzeit abgelesen und aufgezeichnet werden.

Für die Personendosismessung in Röntgenbetrieben müssen Taschendosimeter röntgentauglich (ab 14 keV) und geeicht sein. Die Ablesung muß täglich erfolgen, um möglichst schnell Hinweise auf technische oder organisatorische Mißstände zu erhalten.

Die Hersteller der Taschendosimeter bieten auch entsprechende Ladegeräte und Kontrollvorrichtungen an.

Filmdosimeter basieren auf dem Prinzip der Schwärzung von lichtempfindlichen Fotoemulsionen durch Röntgenstrahlen (DIN 6800, T. 4). Sie arbeiten nach dem filteranalytischen Verfahren (DIN 6816). Belieferung der Plaketten und Filme sowie deren Auswertung erfolgen von einer nach Landesrecht zuständigen neutralen Meßstelle.

Verordnung über den Schutz durch Röntgenstrahlen – RöV vom 01.03.1973

§ 18 Aufenthalt im Kontrollbereich

(1) Bei der Röntgenuntersuchung ... dürfen sich ... nur folgende Personen im Kontrollbereich aufhalten:

1. die mit der Röntgenuntersuchung befaßten Ärzte oder Zahnärzte,
2. die mit der Röntgenuntersuchung befaßten Personen, die ohne Ärzte oder Zahnärzte zu sein, zur Ausübung der Heilkunde oder der Zahnheilkunde berechtigt sind,
3. die in § 20 Abs. 1 Nr. 3 und 4 bezeichneten Personen,
4. sonstige Personen, wenn sie zur Durchführung der darin vorgesehenen Betriebsvorgänge tätig werden müssen (z. B. Physiker),
5. sonstige Personen, soweit dies zu ihrer Ausbildung, Weiterbildung oder Fortbildung oder zur Erlangung der für den Strahlenschutz erforderlichen Kenntnisse notwendig ist, unter Aufsicht einer der in Nr. 1 bezeichneten Personen,
6. sonstige Personen, deren Anwesenheit zur Durchführung der Röntgenuntersuchung unbedingt erforderlich ist, unter der unmittelbaren Aufsicht einer der in Nr. 1 bezeichneten Personen ...

(9) Personen, die das 18. Lebensjahr noch nicht vollendet haben, dürfen im Kontrollbereich nicht tätig werden. Schwangere Frauen dürfen sich nicht im Kontrollbereich aufhalten, wenn sie nicht untersucht oder behandelt werden ...

§ 20 Zur Anwendung berechtigte Personen

(1) Auf den lebenden Menschen dürfen nur folgende Personen in Ausübung ihres Berufs Röntgenstrahlen anwenden: ...

3. Personen, die zur Führung der Berufsbezeichnung
„medizinisch-technischer Radiologieassistent“,
„medizinisch-technische Radiologieassistentin“,
„medizinisch-technischer Assistent“ oder
„medizinisch-technische Assistentin“
berechtigt sind,
4. Hilfskräfte, die unter ständiger Aufsicht und Verantwortung einer der in Nummer 1 bezeichneten Personen tätig sind, wenn sie die für diese Tätigkeit erforderlichen Kenntnisse im Strahlenschutz besitzen.„

Die Plakette, in die der Film eingelegt wird, enthält Filter, die die Strahlung von beiden Seiten gleich stark schwächen (1,5 Cu/0,3 Cu/0,05 Cu); damit ist die Strahlenqualität bestimmbar. Ein 0,8 mm starkes Bleifilter ist – Vorderseite gegen Rückseite – versetzt angeordnet, damit bei Dosisüberschreitungen oder Strahlenunfällen die Einfallsrichtung bestimmt werden kann.

Im Filmpack sind zwei Filme unterschiedlicher Empfindlichkeit in Plastikfolie eingeschweißt, womit der erfaßbare Dosisbereich erweitert wird. Die Personendosis wird von der Landesmeßstelle in mSv[7] angegeben, wobei die untere Nachweisgrenze bei 0,2 mSv (20 mrem) liegt. Für die Auswertung und damit Tragedauer der Meßfilme ist höchstens ein Monat vorgeschrieben. Die Meßfilme sind mit Nummern versehen. Die ersten zwei Ziffern geben den Monat und die letzte Ziffer das laufende Jahr an (125 ... ≙ Dezember 85). Für diesen Monat ist der Meßfilm zum Tragen vorgesehen.

In den „Richtlinien über Art und Umfang der Messung der Personendosis nach § 40 der Röntgenverordnung“[8] sind für den Strahlenschutzverantwortlichen Entscheidungshilfen für die Wahl des geeigneten Meßverfahrens zusammengestellt, aus denen in folgender Tabelle eine beispielhafte Übersicht wiedergeben wird.

Neben der physikalischen Strahlenschutzkontrolle muß auch die ärztliche Untersuchung der beruflich strahlenexponierten Personen (§§ 42 ff., RöV) durch einen von der zuständigen Behörde ermächtigten Arzt gewährleistet sein. Der Beschäftigung der untersuchten Personen im Kontrollbereich dürfen keine gesundheitlichen Bedenken entgegenstehen.

Dosimeter verschiedener Röntgenuntersuchungen

Röntgenuntersuchung	Dosimeter
1. Röntgenaufnahmen, einschließlich Zahnaufnahmen, wenn Aufenthalt im Kontrollbereich nicht unwahrscheinlich ist	F
2. Röntgenaufnahmen, einschließlich Zahnaufnahmen, wenn Aufenthalt im Kontrollbereich aufgrund von technischen Strahlenschutzvorkehrungen oder von Betriebsanweisungen ausgeschlossen ist	–
3. Röntgendurchleuchtung, Untersucher und gewöhnlich Anwesende	T + F
Bei hinreichender Erfahrung und aufgrund des Ergebnisses der Strahlenschutzprüfung nach § 4 Abs. 1 RöV sowie gelegentliche, doch wiederkehrende Hilfeleistung durch dieselbe Person im Kontrollbereich	F
4. Röntgenaufnahmen und -durchleuchtung, seltene Anwesenheit sonstiger Personen im Kontrollbereich; gelegentliche Hilfeleistung durch sonstige Personen im Kontrollbereich	T
5. Anwendungen von Röntgenstrahlen im Operationssaal	T + F
6. Nur Röntgenaufnahmen am Patientenbett, dabei nur Hilfeleistungen	T
7. Spezialuntersuchungen mit Aufnahmen und/oder Durchleuchtungen[9]	T + F

F: Filmdosimeter
T: Taschendosimeter

5.2 Inspektion

Die Erfahrungen des bundesweit durchgeführten Modellvorhabens „Technische Service-Zentren in Krankenhäusern“[10] sowie die des tkb haben gezeigt, daß die schrittweise Einführung und regelmäßige Durchführung der folgenden Inspektionsmaßnahmen für Röntgeneinrichtungen Grundlage einer kostensenkenden und qualitätsverbessernden hauseigenen Instandhaltung sind.

Ein Teil der notwendigen Wartungs- und Reparaturarbeiten, die durch eine gezielte Inspektion erkannt werden, kann von einem hauseigenen Röntgentechniker zumeist problemlos bewältigt werden. Für jedes Gerät sollte ein Instandhaltungsnachweis in Form eines Gerätelebenslaufs geführt werden, in dem die durchgeführten Inspektionen und erforderlichen Wartungs- und Reparaturarbeiten protokolliert werden.

Ein spezielles Inspektionskonzept nur für den Strahler ist nicht sinnvoll, da bei einer Inspektion immer die Gesamtanlage (zu den Komponenten einer Röntgenanlage vgl. Kap. 1.1, Abb. 1.1) berücksichtigt werden soll.

Die Ausfallhäufigkeit kann in jedem Fall verringert werden, wenn die im tkb-Inspektionskonzept beschriebenen Maßnahmen regelmäßig durchgeführt werden mit dem Ziel, die Röntgengeräte jederzeit in voll funktionstüchtigem Zustand bereitzuhalten.

Das vierstufige Konzept zur regelmäßigen, intervallweisen Inspektion mit verschiedenen Untersuchungstiefen ist als allgemeiner Inspektionsrahmen anzusehen, der aufgrund gerätespezifischer Erkenntnisse über Einsatzproblematik, Ausfallhäufigkeit und Störanfälligkeit entsprechend den Erfordernissen der Gerätelebensläufe fallweise zu modifizieren ist.[11]

Ein Funktionskonzept für Röntgeneinrichtungen kann daher nur in enger Zusammenarbeit zwischen hauseigenen Röntgentechnikern, Medizin-Physikern, Radiologen und medizinisch-technischen Radiologieassistentinnen realisiert werden. Das Inspektionkonzept gliedert sich in vier Inspektiontiefen:

- Einsatzinspektion
- Betriebsinspektion
- Hauptinspektion
- Eingangsinspektion

5.2.1 Einsatzinspektion

Das Kapitel Einsatzinspektionen umfaßt Maßnahmen, die speziell vor jedem Einsatz des Röntgengerätes und während des Betriebes durch das medizintechnische Personal durchgeführt werden können und sollten, um den Anforderungen an Wirtschaftlichkeit und Sicherheit der Geräte zu genügen.

Jedes Röntgengerät sollte vor dem Einsatz auf seine Funktionstüchtigkeit hin überprüft werden, wobei keine Meßgeräte und Testschaltungen notwendig sind.

In der Einführungsphase eines Inspektionskonzeptes ist es notwendig, die Ärzte und Radiologieassistentinnen durch Schulung über Sinn und Zweck dieser Kontrollen und deren ordnungsgemäße Durchführung aufzuklären. Festgestellte Fehler sollten dem hauseigenen Röntgentechniker unverzüglich mitgeteilt werden.

Die Einsatzinspektion umfaßt folgende, in Band 4 der Schriftenreihe ausführlich erläuterte Inspektionsschritte:

- Sichtkontrolle des Gerätezustandes
- Kontrolle der Gerätebewegungen
- Kontrolle der mechanischen Bremsen
- Kontrolle der Vorrichtungen zur Patientenhalterung
- Kontrolle der Entwicklungsmaschinen
- Kontrolle der Sicherheitseinrichtungen

5.2.2 Betriebsinspektion

Die Inspektionsleistungen, die während einer Einsatzinspektion erbracht werden können, decken nur zum Teil die Inspektionen ab, die am Gerät durchgeführt werden müssen, um dessen Funktionsbereitschaft sicherzustellen.

Deshalb sollte eine Betriebsinspektion von einem ausgebildeten Röntgentechniker bei Bedarf, mindestens jedoch einmal pro Jahr bzw. in Zusammenhang mit einer Reparatur durchgeführt werden.

Die Betriebsinspektion umfaßt neben dem Programm der Einsatzinspektion folgende, in Band 4 der Schriftenreihe ausführlich erläuterte Schritte:

Mechanische Überprüfung
- Reinigen und Entstauben der Anlage
- Kontrolle der Seilführung für den Gegengewichtsausgleich, Sichtkontrolle auf Aufspleißungen
- Kontrolle der Befestigung der Tubushalterung
- Kontrolle der Halterung und Justierung der Kassette

Überprüfung der elektrischen und elektronischen Funktionselemente
- Überprüfung der Not-Aus-Taste auf Funktion
- Überprüfung des Fehlerstrom-Schutzschalters
- Sichtkontrolle aller Anzeige- und Kontrollampen
- Sichtkontrolle und ggf. Reinigung aller Steckkontakte
- Kontrolle der Bewegungsabläufe und Verriegelungen
- Überprüfung der elektromechanischen Bremsen

Überprüfung des Generators
- Überprüfung des Transformatoröls
- Kontrolle des Hochspannungskabels
- Kontrolle des Hochspannungsausgangs
- Überprüfung der Netzspannung und des Netzangleichs
- Überprüfung der primärseitigen Spannung

Strahlenschutzprüfung und Qualitätskontrolle
- Überprüfung der Dosisleistungsautomatik
- „Stand-by"-Geräte laufen lassen

5.2.3 Hauptinspektion

Die Hauptinspektion[12] beinhaltet eine regelmäßige Überprüfung der Funktions- und Betriebssicherheit von Röntgengeräten. Die hier vorzunehmenden Messungen können nur mit entsprechenden Hilfsmitteln und Meßgeräten durchgeführt werden, die in Kapitel 5.2.5 aufgelistet sind.

Sofern Einsatz- und Betriebsinspektionen regelmäßig vorgenommen werden und es keine weiteren Störfälle gibt, genügt es, im Abstand von einigen Jahren ergänzend eine Hauptinspektion vornehmen zu lassen. Aus der Dokumentation der Gerätelebensläufe kann sich eine vorbeugende Instandhaltungsstrategie entwickeln, die einen Teil der Störeinflüsse vorhersehbar macht. Eine laufende Anpassung dieser Strategie an das jeweilige Krankenhaus unter Berücksichtigung der wachsenden Erfahrung des hauseigenen Röntgengeräte-Service ist notwendig.

Die Hauptinspektion umfaßt zusätzlich zum Programm der Einsatz- und Betriebsinspektion folgende, in Band 4 der Schriftenreihe ausführlich erläuterte Schritte:

- Messung der Betriebsspannung, kV-Messung
- Messung der Ladungsmenge, mAs-Messung
- Überprüfung des Anodentellers
- Kontrolle der Belichtungsautomatik
- Überprüfung der Übereinstimmung von Lichtvisier und Nutzstrahlenbündel

- Überprüfung der Flächendosisprodukt-Messung nach § 29 RöV
- Kontrolle des geräteseitigen Strahlenschutzes
- Überprüfung der Strahlenschutzkleidung nach § 19 RöV
- Kontrolle des Aufnahmematerials
- Kontrolle der Betrachtungsgeräte

5.2.4 Eingangsinspektion

Bei der Eingangsinspektion muß man zwei Bereiche unterscheiden. Beim Neukauf ist das gesamte Gerät unter Berücksichtigung der Herstellerhinweise für die Inbetriebnahme auf seine ordnungsgemäße Funktion hin zu überprüfen und erst danach dem Krankenhaus zu übergeben. Die Überprüfung des Gerätes muß eine Sicherheitsprüfung einschließen. Ferner ist zu prüfen, ob Betriebsunterlagen, Bedienungsanweisung, Begleitpapiere und die Wartungs- und Pflegehinweise vollständig sind.

Meßgeräte für Eigenservice in der Röntgendiagnostik

Prüfgeräte	**Ca.-Preise in DM**
Präzisionsdosimeter	300,– bis 20.000,–
»kV-Kassette« nach Ardran-Crooks	800,– bis 1.200,–
mAs-Meßgeräte	1.600,– bis 2.200,–
Fokusnahes Fadenkreuz (z. B. Cu-Draht), Eigenbau	*
Kassette mit Leuchtschirm oder andere Aufnahmekassette	200,– bis 300,–
Streuphantom nach DIN 6815	1.500,– bis 2.500,–
Densitometer	2.000,– bis 140.000,–**
Sensitometer	2.000,– bis 3.000,–
Belichtungsmesser	100,– bis 500,–
Röntgendatenanalysator	15.000,– bis 30.000,–
Gesamtbetrag Prüfgeräte	**ca. 23.500,– bis 199.700,–**

* nur Materialwert
** Mikrodensitometer nach dem Graukeil-Vergleichsverfahren

Die gemessenen Betriebsdaten sind zu protokollieren und mit den mitgelieferten Begleitpapieren des Herstellers zu vergleichen.

Die Überprüfung von Geräten nach einer Reparatur beinhaltet die Inspektionsleistungen, die bei einer Hauptinspektion gefordert werden, wobei besonders Erfahrungen berücksichtigt werden sollten, die der hauseigene Röntgentechniker mit dem jeweiligen Gerät gemacht hat. Die Anweisungen der Hersteller bezüglich der Erstinbetriebnahme sind dabei zu beachten. Auch hier darf das Gerät ohne vorherige Sicherheitsprüfung nicht der jeweiligen Fachabteilung übergeben werden:

Die im Inspektionskonzept aufgeführten Punkte sind bei Neukauf des Gerätes vom hauseigenen Röntgentechniker in Zusammenarbeit mit dem Firmenservice durchzuführen, sofern dies im Einzelfall erforderlich erscheint oder das Gerät speziellen Anforderungen genügen soll. Hierbei ist besonders auf die Vollständigkeit von Geräteunterlagen und der darin angegebenen Leistungsmerkmale zu achten (§ 14 RöV, DIN 6863 und MedGV).

Nach einer Reparatur ist die Ausführung zu überprüfen und eine dem Gerät entsprechende Funktionskontrolle durchzuführen.

5.2.5 Prüfgeräte

Ein Großteil der Inspektionen kann ohne spezielle Prüfgeräte durchgeführt werden. Lediglich bei Strahlenschutzüberprüfungen und Qualitätskontrollen sind Meßgeräte erforderlich. Die in der Tabelle angegebenen Meßgeräte sollten zu diesem Zweck bereitgehalten werden.

5 § 6 Abs. 2 normiert die Verpflichtung für eine ordnungsgemäße Instandhaltung zur Gewährleistung der elektrischen, mechanischen und strahlenhygienischen Sicherheit der Geräte.

6 Da gegenwärtig an einer Novellierung und Ergänzung der RöV gearbeitet wird, können neben den derzeit in der RöV geregelten Aspekten des Strahlenschutzes (z. B. Grenzwerte der Körperdosen) in Analogie auch die Vorschriften der Strahlenschutzverordnung (StrlSchV) vom 13.10.1976 herangezogen werden.

7 mSv = Milli-Sievert (1 mSv = 100 mrem); vgl. auch Anhang I

8 Durchführung der Röntgenverordnung, 2. Bekanntmachung des BMJFG und des BMA vom 15.03.1974, Teil A.

9 Hierbei handelt es sich um Röntgeneinrichtungen, an denen spezielle Untersuchungen durchgeführt werden, insbesondere solche, bei denen während der Untersuchung mit Instrumenten (wie z. B. Kathetern) am Patienten gearbeitet wird. In diesen Fällen variieren nicht nur die Typen der Röntgen-Untersuchungsgeräte, sondern auch die Anordnung der Aufteilplätze und die Aufenthaltsdauer der Personen innerhalb des Kontrollbereichs während der Untersuchung.

10 gefördert vom Bundesministerium für Forschung und Technologie (BMFT)

11 vgl. auch DIN 6868 zur Qualitätssicherung der Bildgüte röntgendiagnostischer Verfahren

12 vgl. Bronder, a. a. O.

Größen und Einheiten in Technik und Medizin

Seit 1978 sind für den geschäftlichen und amtlichen Verkehr einige physikalische Einheiten nicht mehr zugelassen, die unter anderem auch in der Medizintechnik Verwendung fanden. Dafür wurde das sogenannte Internationale Einheitensystem (SI) eingeführt, auf das alle anderen physikalischen Einheiten zurückgeführt werden können.

Die Tabelle auf folgender Seite schließlich stellt die aus den Basiseinheiten abgeleiteten Größen zusammen, wobei die SI-Einheiten um weitere nützliche Angaben der Röntgentechnik ergänzt wurden.

Basisgrößen nach DIN 1301

Basisgröße	Basiseinheit	Zeichen
Länge	Meter	m
Masse	Kilogramm	kg
Zeit	Sekunde	s
elektrische Stromstärke	Ampere	A
Temperatur (thermodynamisch)	Kelvin	K
Lichtstärke	Candela	cd
Stoffmenge	Mol	mol

Vorsätze und Vorzeichen; dezimales Vielfaches:

Vorsatz	Vorzeichen	Potenz
Tera	T	10^{12}
Giga	G	10^{9}
Mega	M	10^{6}
Kilo	k	10^{3}
Hekto	h	10^{2}
Deka	da	10^{1}

dezimales Teil:

Vorsatz	Vorzeichen	Potenz
Dezi	d	10^{-1}
Zenti	c	10^{-2}
Milli	m	10^{-3}
Mikro	μ	10^{-6}
Nano	n	10^{-9}
Piko	p	10^{-12}
Femto	f	10^{-15}
Atto	a	10^{-18}

Kennwerte einer Röntgenröhre

Kennwert	Einheit	Zeichen
Scheitelwert der Röntgenröhrenspannung	Kilovolt	kV
Arithmetischer Mittelwert des Röntgenröhrenstroms	Milliampere	mA
Röntgenröhren-Belastungszeit	Sekunde	s
Anodeneingangsleistung	Kilowatt	kW
Thermische Anodenbezugsleistung	Watt	W
Eingangsleistung des Röntgenstrahlers	Watt	W
Wärmeinhalt der Anode	Joule	J
Wärmespeicherfähigkeit der Anode	Joule	J
Wärmeinhalt des Röntgenstrahlers	Joule	J
Wärmespeicherfähigkeit des Röntgenstrahlers	Joule	J
Kontinuierliche Wärmeabgabe	Watt	W

Umrechnungstabelle verschiedener Energieeinheiten

	kWh	eV	kpm*	cal*	erg*	m_ec^{2}* **	Joule
1 kWh	1	$2{,}25 \times 10^{25}$	$3{,}67 \times 10^{5}$	$8{,}60 \times 10^{13}$	$3{,}60 \times 10^{13}$	$4{,}40 \times 10^{19}$	$3{,}60 \times 10^{6}$
1 eV	$4{,}45 \times 10^{-26}$	1	$1{,}63 \times 10^{-20}$	$3{,}83 \times 10^{-20}$	$1{,}60 \times 10^{-12}$	$1{,}96 \times 10^{-6}$	$1{,}60 \times 10^{-19}$
1 kpm*	$2{,}73 \times 10^{-6}$	$6{,}12 \times 10^{19}$	1	2,34	$9{,}81 \times 10^{7}$	$1{,}20 \times 10^{14}$	9,81
1 cal*	$1{,}16 \times 10^{-6}$	$2{,}61 \times 10^{19}$	$4{,}27 \times 10^{-1}$	1	$4{,}19 \times 10^{7}$	$5{,}11 \times 10^{13}$	4,19
1 erg*	$2{,}78 \times 10^{-14}$	$6{,}24 \times 10^{11}$	$1{,}02 \times 10^{-8}$	$2{,}39 \times 10^{-8}$	1	$1{,}22 \times 10^{6}$	$1{,}00 \times 10^{-7}$
1 m_ec^{2}* **	$2{,}27 \times 10^{-20}$	$5{,}11 \times 10^{5}$	$8{,}35 \times 10^{-15}$	$1{,}96 \times 10^{-14}$	$4{,}18 \times 10^{-7}$	1	$8{,}18 \times 10^{-14}$
1 joule	$2{,}78 \times 10^{-7}$	$0{,}62 \times 10^{19}$	0,10	$2{,}39 \times 10^{-1}$	$1{,}00 \times 10^{7}$	$1{,}22 \times 10^{13}$	1

* keine gesetzliche Einheit ** m_e^2 = Energieäquivalent der Elektronenruhemasse m_e

Wichtige SI-Einheiten in der Röntgentechnik

Größe	Formelzeichen	Einheit: Name	Einheit: Zeichen	Beziehung
Kraft	F	Newton	N	$N = kg\ m/s^2$
Impuls	$F \cdot t$, p	Newtonsekunde	Ns	$Ns = kg\ m/s$
Druck	p	Newton durch Quadratmeter; Pascal	N/m^2; Pa	$Pa = N/m^2$ $bar = 10^5\ Pa$
mechanische Spannung	σ	Newton durch Quadratmeter; Pascal	N/m^2; Pa	$Pa = N/m^2$
Energie, Arbeit, Wärmemenge	E, W	Joule	J	$J = Nm = Ws$ $kWh = 3{,}6\ MJ$ $Ws = kg\ m^2/s^2$ $eV = 1{,}60219 \cdot 10^{-19}\ J$
Auf das Material Übertragene Energie	W_D	Joule	J	1 HU = 0,75 J
elektr. Spannung	U	Volt	V	$V = \frac{W}{A} = \frac{J}{A \cdot s} = \frac{N \cdot m}{A \cdot s} = \frac{kg \cdot m^2}{A \cdot s^3}$
elektr. Stromstärke	I	Ampere	A	$A = \frac{J}{V \cdot s} = \frac{N \cdot m}{V \cdot s} = \frac{kg \cdot m^2}{V \cdot s^3}$
elektr. Widerstand	R	Ohm	Ω	$\Omega = \frac{V}{A}$
spezif. Widerstand	ρ	Ohmmeter	Ωm	$\Omega m = 10^2 \Omega \cdot cm = 10^6 \cdot \frac{\Omega mm^2}{m}$
elektr. Stromdichte	s	Ampere pro m^2	A/m^2	$\frac{A}{m^2} = 10^{-4} \cdot \frac{A}{cm^2} = \frac{N}{m \cdot V \cdot s} = \frac{kg}{V \cdot s^3}$
elektr. Leistung	P	Watt	W	$W = A \cdot V = \frac{J}{s} = \frac{Nm}{s}$
Elektrizitätsmenge (Ladung)	Q	Coulomb	C	$C = A \cdot s$
elektr. Kapazität	C	Farad	F	$F = \frac{C}{V} = \frac{A \cdot s}{V} = \frac{s}{\Omega} = \frac{Nm}{V^2} = \frac{kg \cdot m^2}{V^2 \cdot s^2}$
elektr. Selbstinduktivität	L	Henry	H	$H = \frac{V \cdot s}{A} = \frac{J}{A^2} = \frac{Nm}{A^2} = \frac{kg \cdot m^2}{A^2 \cdot s^2}$
Frequenz	f	Hertz	Hz	$Hz = \frac{1}{s}$
Energiedosis	D	Gray	Gy	$J \cdot kg^{-1}$ $1\ Gy = 1\ J \cdot kg^{-1} = 100\ rd$
Energiedosisleistung	D	$\frac{\text{Gray}}{\text{Sekunde}}$	$Gy\ s^{-1}$	$W \cdot kg^{-1} = m^2 \cdot s^{-3}$ $1\ Gy/sec = 1\ W \cdot kg^{-1} = 100\ rd/sec^{-1}$
Ionendosis	J	$\frac{\text{Coulomb}}{\text{Kilogramm}}$	$C\ kg^{-1}$	$C \cdot kg^{-1} = A \cdot sec \cdot kg^{-1}$ $1\ R = 0{,}258\ mC \cdot kg^{-1}$
Ionendosisleistung	j	$\frac{\text{Ampere}}{\text{Kilogramm}}$	$A\ kg^{-1}$	$1\ A \cdot kg^{-1} = 3{,}876\ kR/sec$ $1\ R/sec = 0{,}258\ mA \cdot kg^{-1}$
Flächendosisprodukt	F	$\frac{\text{Coulomb} \cdot \text{Quadratmeter}}{\text{Kilogramm}}$	$C\ kg^{-1}\ m^2$	
Äquivalentdosis	H	$\frac{\text{Joule}}{\text{Kilogramm}}$	$J\ kg^{-1}$	1 rem = 10 mSv = 0,01 J/kg 1 Sv = 100 rem

Rechtsvorschriften und technische Regeln

Atomgesetz und Strahlenschutz

Atomgesetz – AtG
Gesetz über die friedliche Verwendung von Kernenergie und den Schutz gegen ihre Gefahren vom 23.12.1959
BGBl. I, 31.12.1959, S. 814
GVBl.-Bln. Nr. 68, 06.10.1961, S. 1493

Erstes Gesetz zur Änderung und Ergänzung des Atomgesetzes vom 23.04.1963
BGBl. I, 27.04.1963, S. 201
GVBl.-Bln. Nr. 29, 14.05.1963, S. 472

Zweites Gesetz zur Änderung und Ergänzung des Atomgesetzes vom 28.08.1969
BGBl. I, 01.09.1969, S. 1429
GVBl.-Bln. Nr. 84, 13.09.1969, S. 1768

Drittes Gesetz zur Änderung und Ergänzung des Atomgesetzes vom 15.07.1975
BGBl. I, 17.07.1975, S. 1885
GVBl.-Bln., Nr. 61, 05.08.1975, S. 1798

Viertes Gesetz zur Änderung des Atomgesetzes vom 30.08.1976
BGBl. I, 04.09.76, S. 2573
GVBl.-Berlin, Nr. 84, 29.09.1976, S. 2186

Gesetz zur Änderung des Dritten Gesetzes zur Änderung und Ergänzung des Atomgesetzes vom 19.12.1975
BGBl. I, 30.12.1975, S. 3162
GVBl.-Bln., Nr. 5, 20.01.1976, S. 86

-geändert durch:
Achtzehntes Strafrechtsänderungsgesetz – Gesetz zur Bekämpfung der Umweltkriminalität – (18. StRÄndG) vom 28.03.1980

Gesetz zur Änderung von Kostenvorschriften des Atomgesetzes vom 20.08.1980
BGBl. I, 28.08.1980, S. 1556
GVBl.-Bln., Nr. 62, 18.09.1980, S. 1939

Bekanntmachung der Neufassung des Atomgesetzes vom 15.07.1985
BGBl. I, 31.07.85, S. 1565
GVBl.-Bln., Nr. 54, 28.08.1985, S. 1890

Röntgenverordnung – RöV
Verordnung über den Schutz vor Schäden durch Röntgenstrahlen vom 01.03.1973
BGBl. I, 09.03.1973, S. 173
GVBl.-Bln. Nr. 89, 31.10.1973 , S. 1798

Bekanntmachung des BMJFG und des BMA vom 02.01.1974
Bundesgesundheitsblatt Nr. 10–11, 1974 zur Durchführung der RöV

Zweite Bekanntmachung des BMJFG und des BMA vom 15.03.1974
Bundesgesundheitsblatt Nr. 8–9, 1974 zur Durchführung der RöV

Vierte Bekanntmachung des BMA zur Durchführung der Röntgenverordnung vom 04.01.1982
BArBl. ArbSch. Nr. 4, 1982, S. 51

(in Berlin:) AV-RöV: Gemeinsame Ausführungsvorschriften zur RöV vom 12.03.1976
Dbl. IV–26, Nr. 26, 22.04.1976, S. 57–104
Amtsbl. für Berlin, Nr. 17, 31.03.1980, S. 411

Strahlenschutzverordnung - StrlSchV
Verordnungen über den Schutz vor Schäden durch ionisierende Strahlen vom 13.10.1976
BGBl. I, 20.10.1976, S. 2905, 26.01.1977, S. 184, 09.02.1977, S. 269
GVBl.-Berlin Nr. 17, 02.03.1977, S. 486

Erste Verordnung zur Änderung der Strahlenschutzverordnung vom 22.05.1981
BGBl. I, 27.05.1981, S. 445
GVBl.-Berlin Nr. 51, 19.09.1981, S. 1122

Gefahrengutverordnung Straße – GGVS
Verordnung über die Beförderung gefährlicher Güter auf der Straße vom 23.08.1979
BGBl. I, 31.08.1979, S. 1509
GVBl-Berlin Nr. 10, 16.02.1980, S. 410

Verordnung über Ausnahmen von der Verordnung über die Beförderung gefährlicher Güter auf der Straße (Straßen-Gefahrgutausnahmeverordnung) GGVS-AusnV vom 02.10.1979
BGBl. I, 06.10.1979, S. 1609
GVBl.-Bln. Nr. 14, 03.03.1981, S. 348

Bekanntmachung der Neufassung der Gefahrgutverordnung Straße vom 29.06.1983
BGBl. I, 05.07.1983, S. 905
GVBl.-Bln. Nr. 63, 28.12.1983, S. 1638

1. Straßen-Gefahrgut-Änderungs V
Erste Verordnung zur Änderung der Verordnung über die Beförderung gefährlicher Güter auf der Straße vom 20.06.1983
BGBl. I, 05.07.1983, S. 853
GVBl.-Bln. Nr. 63, 28.12.1983, S. 1586

Erste Verordnung zur Änderung der Straßen-Gefahrgutausnahmeverordnung vom 20.09.1983
BGBl. I, 23.09.1983, S. 1184
GVBl.-Bln. Nr. 62, 23.12.1983, S. 1572

Zweite Verordnung zur Änderung der Straßen-Gefahrgutausnahmeverordnung vom 24.05.1984
BGBl. I, 29.05.1984, S. 712
GVBl.-Bln. Nr. 42, 1984, S. 1196

Meß- und Eichwesen

Eichgesetz – EichG
Gesetz über das Meß- und Eichwesen vom 11.07.1969
BGBl. I, 15.07.1969, S. 759
GVBl.-Bln. Nr. 63, 04.08.1969, S. 1074

Gesetz zur Änderung des Eichgesetzes vom 06.07.1973
BGBl. I, 11.07.1973, S. 716
GVGl.-Bln. Nr. 59, 31.07.1973, S. 1057

Zweites Gesetz zur Änderung des Eichgesetzes vom 20.01.1976
BGBl. I, 24.01.1976, S. 141
GVBl.-Bln. Nr. 12, 12.02.1976, S. 242

Gesetz zur Änderung des Eichgesetzes und des Gesetzes über Einheiten im Meßwesen vom 21.02.1985
BGBl. I, 01.03.1985, S. 401
GVBl.-Bln. Nr. 17, 20.03.1985, S. 561

Neufassung des Eichgesetzes vom 22.02.1985
BGBl. I, 01.03.1985, S. 410
GVBl.-Bln. Nr. 19, 27.03.1985, S. 644

Verordnung über die Eichpflicht von Meßgeräten vom 10.03.1972
BGBl. I, 18.03.1972, S. 436
GVBl.-Bln. Nr. 31, 13.04.1972, S. 621

Zweite Verordnung über die Eichpflicht von Meßgeräten vom 06.08.1975
BGBl. I, 14.08.1975, S. 2161
GVBl.-Bln. Nr. 74, 30.08.1975, S. 2203

Dritte Verordnung über die Eichpflicht von Meßgeräten vom 26.07.1978
BGBl. I, 02.08.1978, S. 1139
GVBl.-Bln. Nr. 60, 24.08.1978, S. 1602

Verordnung zur Änderung der zweiten und dritten Verordnung über die Eichpflicht von Meßgeräten vom 21.12.1979
BGBl. I, 28.12.1979, S. 2347
GVBl.-Bln. Nr. 6, 26.01.1980, S. 269

Eichpflicht-Ausnahmeverordnung
Verordnung über Ausnahmen von der Eichpflicht vom 26.06.1970
BGBl. I, 30.06.1970, S. 960
GVBl.-Bln. Nr. 70, 05.08.1970, S. 1334

Erste Verordnung zur Änderung der Eichpflicht-Ausnahmeverordnung vom 20.12.1971
BGBl. I, 24.12.1971, S. 2057
GVBl.-Bln. Nr. 7, S. 140, 25.01.1972
GVBl.-Bln. Nr. 12, S. 261, 03.02.1972

Zweite Verordnung zur Änderung der Eichpflicht-Ausnahmeverordnung vom 05.07.1973
BGBl. I, 12.07.1973, S. 748
GVBl.-Bln. Nr. 65, 17.08.1973, S. 1207

Dritte Verordnung zur Änderung der Eichpflicht-Ausnahmeverordnung vom 19.12.1974
BGBl. I, 28.12.1974, S. 3703
GVBl.-Bln. Nr. 11, 30.01.1975, S. 412

Vierte Verordnung der Eichpflicht-Ausnahmeverordnung vom 17.12.1976
BGBl. I, 28.12.1976, S. 3701
GVBl.-Bln., Nr. 6, 22.01.1977, S. 164

Bekanntmachung der Neufassung der Verordnung über Ausnahmen von der Eichpflicht vom 22.03.1972
BGBl. I, 05.04.1972, S. 513
GVBl.-Bln. Nr. 35, 27.04.1972, S. 754

Bekanntmachung der Neufassung der Verordnung über Ausnahmen von der Eichpflicht vom 18.12.1976
BGBl. I, 28.12.1976, S. 3704
GVBl.-Bln. Nr. 8, 28.01.1977, S. 227

Verordnung über Ausnahmen von der Eichpflicht vom 15.12.1982
BGBl. I, 18.12.1982, S. 1745
GVBl.-Bln. Nr. 4, 25.01.1983, S. 205

Eichgültigkeitsverordnung
Verordnung über die Gültigkeitsdauer der Eichung vom 18.06.1970
BGBl. I, 24.06.1970, S. 802
GVBl.-Bln. Nr. 71, 06.08.1970, S. 1367

Erste Verordnung zur Änderung der Eichgültigkeitsverordnung vom 12.11.1971
BGBl. I, 19.11.1971, S. 1803
GVBl.-Bln. Nr. 103, 17.12.1971, S. 2112

Zweite Verodnung zur Änderung der Eichgültigkeitsverordnung vom 04.07.1974
BGBl. I, 12.07.1974, S. 1443
GVBl.-Bln. Nr. 68, 05.08.1974, S. 1739

Dritte Verordnung zur Änderung der Eichgültigkeitsverordnung vom 05.08.1976
BGBl. I, 10.08.1976, S. 2062
GVBl.-Bln. Nr. 72, 31.08.1976, S. 1760

Bekanntmachung der Neufassung der Verordnung über die Gültigkeitsdauer der Eichung vom 05.08.1976
BGBl. I, 12.08.1976, S. 2082
GVBl.-Bln. Nr. 75, 09.09.1976, S. 1821

Vierte Verordnung zur Änderung der Eichgültigkeitsverordnung vom 16.06.1983
BGBl. I, 25.06.1983, S. 707
GVBl.-Bln. Nr. 36, 29.07.1983, S. 1030

Einheiten im Meßwesen

Einheitengesetz – EinhG
Gesetz über Einheiten im Meßwesen vom 02.07.1969
BGBl. I, 05.07.1969, S. 709
GVBl.-Bln. Nr. 58, 23.07.1969, S. 951

Gesetz zur Änderung des Gesetzes über Einheiten im Meßwesen vom 06.07.1973
BGBl. I, 11.07.1973, S. 720
GVBl.-Bln. Nr. 59, 31.07.1973, S. 1061

geändert durch: Einführungsgesetz zum Strafgesetzbuch - EGStGB vom 02.03.1974
BGBl. I, 09.03.1974, S. 469
GVBl.-Bln. Nr. 42, 03.05.1974, S. 874
GVBl.-Bln. Nr. 70, 26.08.1975, S. 2060
GVBl.-Bln. Nr. 25, 24.03.1976, S. 512
GVBl.-Bln. Nr. 61, 25.08.1978, S. 1632

Ausführungsverordnung zum Gesetz über Einheiten im Meßwesen vom 26.06.1970
BGBl. I, 30.06.1970, S. 981
GVBl.-Bln. Nr. 67, 29.07.1970, S. 1290

Verordnung zur Änderung der Ausführungsverordnung zum Gesetz über Einheiten im Meßwesen vom 27.11.1973
BGBl. I, 29.11.1973, S. 1761
GVBl.-Bln. Nr. 3, S. 49, 14.01.1974

Zweite Verordnung zur Änderung der Ausführungsverordnung zum Gesetz über Einheiten im Meßwesen vom 12.12.1977
BGBl. I, 15.12.1977, S. 2537
GVBl.-Bln. Nr. 26, 05.04.1978, S. 927

Dritte Verordnung zur Änderung der Ausführungsverordnung zum Gesetz über Einheiten im Meßwesen vom 08.05.1981
BGBl. I, 20.05.1981, S. 422
GVBl.-Bln. Nr. 1, 14.01.1982, S. 6

Bekanntmachung der Neufassung des Gesetzes über Einheiten im Meßwesen vom 22.02.1985
BGBl. I, 01.03.1985, S. 408
GVBl.-Bln. Nr. 19, 27.03.1985, S. 642

Zeitgesetz – ZeitG
Gesetz über die Zeitbestimmung vom 25.07.1978
BGBl. I, 31.07.1978, S. 1110
GVBl.-Bln. Nr. 57, 08.08.1978, S. 1555

Technische Sicherheit

Gesetz über technische Arbeitsmittel vom 24.06.1968
BGBl. I, 28.06.1968, S. 717
GVBl.-Bln. Nr. 45, 27.07.1968, S. 922

Gerätesicherheitsgesetz – GSG
Gesetz zur Änderung des Gesetzes über technische Arbeitsmittel und der Gewerbeordnung vom 13.08.1979
BGBl. I, 17.08.79, S. 1432
GVBl.-Bln., Nr. 57, 29.08.79, S. 1544

geändert durch:
Bundesberggesetz – BBergG vom 13.08.1980
BGBl. I, 20.08.1980, S. 1310
GVBl.-Bln. Nr. 57, 06.09.1980, S. 1648

Medizingeräteverordnung – MedGV
Verordnung über die Sicherheit mediznisch-technischer Geräte vom 14.01.1985
BGBl. I, 19.01.1985, S. 93
GVBl.-Bln. Nr. 10, 20.02.1985, S. 341

Erste Verordnung zum Gesetz über technische Arbeitsmittel vom 11.06.1979
BGBl. I, 13.06.1979, S. 629
GVBl.-Bln. Nr. 37, 30.06.1979, S. 887

Zweite Verordnung zum Gerätesicherheitsgesetz vom 26.11.1980 VOGSG
BGBl. I, 06.12.1980, S. 2195
GVBl.-Bln. Nr. 1, 09.01.1981, S. 3

Gerätesicherheits-Prüfstellenverordnung – GS PrüfV
Verordnung über Prüfstellen nach dem Gerätesicherheitsgesetz vom 02.01.1980
BGBl. I, 04.01.1980, S. 1
GVBl.-Bln. Nr. 9, 09.02.1980, S. 387

Erste Verordnung zur Änderung der Verordnung über Prüfstellen nach dem Gerätesicherheitsgesetz vom 30.10.1981
BGBl. I, 04.11.1981, S. 1172
GVBl.-Bln. Nr. 62, 02.12.1981, S. 1442

Bekanntmachung der Neufassung der Verordnung über Prüfstellen nach dem Gerätesicherheitsgesetz vom 30.10.1981
BGBl. I, 04.11.1981, S. 1172
GVBl.-Bln., Nr. 63, 08.12.1981, S. 1461

DIN- und VDE-Vorschriften

DIN-VDE-Nr.	Ausgabe	Teil	Titel
0100	**05.73**		**Bestimmungen für das Errichten von Starkstromanlagen mit Nennspannungen bis 1000 V**
0106			**Schutz gegen gefährliche Körperströme**
	05.82	1	Klassifizierung von elektrischen und elektronischen Betriebsmitteln bezüglich des Schutzes gegen gefährliche Körperströme und Anforderungen für Schutzmaßnahmen
	09.85	1 A1	Allgemeine Anforderungen für Betriebsmittel bezüglich des Schutzes gegen gefährliche Körperströme
	04.85	101	Grundanforderungen für sichere Trennung
0107			**Einrichten und Prüfen von elektrischen Anlagen in medizinisch genutzten Räumen**
	11.82		Änderung 1
	05.82		Änderung 2
0750			**Bestimmung für elektromedizinische Geräte**
	06.77	1	Allgemeine Festlegung
	04.81 *	1	Allgemeine Festlegung Änderung 3
	04.80	2	Besondere Festlegung
VDE 0750			**Bestimmung für elektromedizinische Geräte**
	08.70	2	Besondere Festlegungen
	07.73	2a	Änderung zu VDE 750 T2
	04.74	2b	Änderung zu VDE 750 T2
	76	2d	Änderung zu VDE 750 T2
DIN IEC 601			**Sicherheit elektromedizinischer Geräte**
VDE 0750	05.82	1	Allgemeine Festlegungen
DIN IEC 62 B			**Bestimmungen für elektromedizinische Geräte**
(CO) 50 VDE 0750	*06.83*	21	Röntgengeneratoren von diagnostischen Röntgenstrahlungserzeugern; Besondere Festlegungen für die Sicherheit
	11.84	21 A1	Röntgengeneratoren von diagnostischen Röntgenstrahlungserzeugern; Besondere Festlegungen für die Sicherheit
VDE 0752 IEC 513	**05.83**		**Grundsätzliche Aspekte der Sicherheitsphilosophie über elektrische Einrichtungen in medizinischer Anwendung**

* Die Ausgabedaten von Entwürfen werden kursiv angegeben.

DIN- und VDE-Vorschriften

DIN-Nr.	Ausgabe	Teil	Titel
4512			**Photographische Sensitometrie**
	04.71	1	Bestimmung der Lichtempfindlichkeit von Schwarzweiß-Negativmaterial für bildmäßige Aufnahmen
	01.73	3	Bestimmung der optischen Dichte von durchlässigen streuenden Schichten
	06.77	4	Bestimmung der Lichtempfindlichkeit von Farb-Umkehrfilmen für Tageslicht
	10.77	5	Bestimmung der Lichtempfindlichkeit von Farb-Negativfilmen
	07.80	6	Sensitometrische Lichtarten und Lichtquellen
	11.84	6	Sensitometrische Lichtarten und Lichtquellen
5031	**11.82**		**Strahlungsphysik im optischen Bereich und Lichttechnik; Inhaltsverzeichnis über Größen, Formelzeichen und Einheiten sowie Stichwortverzeichnis zu DIN 5031 T 1-10**
	03.82	1	Größen, Formelzeichen und Einheiten der Strahlungsphysik
	03.82	2	Strahlungsbewertung durch Empfänger
	03.82	3	Größen, Formelzeichen und Einheiten der Lichttechnik
	03.82	4	Wirkungsgrade
	03.82	5	Temperaturbegriffe
	03.82	6	Pupillen-Lichtstärke als Maß für die Netzhautbeleuchtung
	01.84	7	Benennungen der Wellenlängenbereiche
	03.82	8	Strahlungsphysikalische Begriffe und Konstanten
	03.82	9	Lumineszenz-Begriffe
5032			**Lichtmessung; Photometer**
	02.83	6	Eigenschaften und deren Kennzeichnung
	03.83	7	Klasseneinteilung von Beleuchtungsstärke- und Leuchtdichtemeßgeräten
	12.84	8	Datenblatt für Beleuchtungsstärkemeßgeräte
6800			**Dosismeßverfahren in der radiologischen Technik**
	06.80	1	Allgemeines zur Dosimetrie von Photonen- und Elektronenstrahlung nach der Sondenmethode
	06.80	2	Ionisationsdosimetrie
	06.80	3	Eisensulfatdosimetrie
	06.80	4	Filmdosimetrie
	06.80	5	Themolumineszenz-Dosimetrie
	06.80	6	Photolumineszenz-Dosimetrie
6811	**01.72**		**Medizinische Röntgeneinrichtung bis 300 kV; Strahlenschutzregeln für die Herstellung**
6812	**05.85**		**Medizinische Röntgenanlagen bis 300 kV; Strahlenschutzregeln für die Einrichtung**
6813	**07.80**		**Strahlenschutzzubehör bei medizinischer Anwendung von Röntgenstrahlen bis 300 kV; Regeln für die Herstellung und Benutzung**

DIN- und VDE-Vorschriften

DIN-Nr.	Ausgabe	Teil	Titel
6814			**Begriffe und Benennungen in der radiologischen Technik**
	09.80	1	Anwendungsgebiete
	01.80	2	Strahlenphysik
	06.72	3	Dosisgrößen und Dosiseinheiten
	11.83	3	Dosisgrößen und Dosiseinheiten
	03.80	4	Radioaktivität
	11.83	5	Strahlenschutz
	10.63	6	Technische Mittel zur Erzeugung von Röntgen- und Elektronenstrahlung
	04.64	7	Technische Mittel zur medizinischen Anwendung von Röntgen- und Elektronenstrahlung
	04.83	8	Strahlentherapie
	10.72	9	Radioskopie und Radiographie
	10.77	12	Elektronische Datenverarbeitung in der Dosimetrie
	08.78	13	Kollimatoren und Abschirmungen für nuklearmedizinische Meßgeräte
	08.81	14	Abbildende Systeme
	05.77	90	Radioskopie und Radiographie; Röntgentomographie
	09.82	91	Radioskopie und Radiographie, Röntgentomographie
6815			**Strahlenschutzprüfungen in medizinischen Röntgenbetrieben**
	09.78	2	Regeln für die Prüfung des Strahlenschutzes nach Errichtung medizinischer Röntgenanlagen bis 300 kV
6816	**05.84**		**Filmdosimetrie nach dem filteranalytischen Verfahren zur Strahlenschutzüberwachung**
6818			**Strahlenschutzdosimeter**
	12.76	1	Allgemeine Regeln
	03.79	2	Direkt ablesbare Ionisationskammer-Stabdosimeter für Gamma- und Röntgenstrahlung
	03.79	3	Nicht direkt ablesbare Ionisationskammer-Stabdosimeter für Gamma- und Röntgenstrahlen
	11.79	4	Tragbare Ionisationskammer-Dosimeter für Gamma- und Röntgenstrahlung
	03.79	5	Zählrohr-Dosisleistungsmesser für Gamma- und Röntgenstrahlen
6819	**01.84**		**Meßgeräte zur Bestimmung des Flächendosisproduktes in der Röntgendiagnostik; Regeln für die Herstellung**
6822	**10.73**		**Röntgen-Diagnostik-Transformator-Generatoren, Kennzeichnung der Kurzzeit-Nennleistung**
6823			**Röntgenstrahler für medizinische Zwecke**
	07.83	1	Ermittlung der Brennfleckabmessungen von Diagnostikstrahlern mit der Lochkamera

DIN- und VDE-Vorschriften

DIN-Nr.	Ausgabe	Teil	Titel
6823			**Röntgenstrahler für medizinische Zwecke**
	07.83	2	Ermittlung der Brennfleckabmessungen von Diagnostikstrahlern mit der Spaltkamera
	07.83	3	Ermittlung der Modulationübertragungsfunktion der Intensitätsverteilung im optischen Brennfleck
6824			**Röntgendiagnostik-Speichergeneratoren**
	09.78	1	Fahrbare Kondensatorgeneratoren
6825			**Röntgen-Bildverstärker**
	10.72	1	Bestimmung des Konversionsfaktors von elektronenoptischen Röntgen-Bildverstärkern und Röntgen-Bildverstärkerröhren
	07.76	2	Eingangsdurchmesser von elektronenoptischen Röntgen-Bildverstärkern mit Röntgen-Bildverstärkerröhren
	07.76	3	Bestimmung der Leuchtdichteverteilung von elektronenoptischen Röntgen-Bilderverstärkern und Röntgen-Bildverstärkerröhren
	09.78	4	Bestimmung der Verzeichnung von elektronenoptischen Röntgen-Bildverstärkern und Röntgen-Bildverstärkerröhren
	09.85	5	Ermittlung der Modulationsübertragungsfunktion von elektronenoptischen Röntgen-Bildverstärkern und Röntgen-Bildverstärkerröhren
6826	**09.80**		**Röntgen-Streustrahlenraster; Kenngrößen**
	10.84	2	Kenngrößen von Rastern für Mammographie und Weichstrahltechnik
6828	**10.84**		**Mechanische Sicherheit von Anlagen zur medizinischen Anwendung ionisierender Strahlung**
	04.73	1	Regeln für die Herstellung von Einrichtungen
	04.73	2	Regeln für die Errichtung von Anlagen
6830			**Röntgenfilme zur Verwendung mit Fluoreszenz-Verstärkungsfolien in der medizinischen Diagnostik**
	12.75	1	Sensitometrische Darstellung der Fluoreszenzstrahlung von Calcium-Wolframat-Verstärkungsfolien
	09.78	2	Bestimmung der Empfindlichkeit des mittleren Gradienten und des Schleiers
6831			**Filme und Verstärkungsfolien für medizinische Röntgenaufnahmen**
	10.84	1	Maße und Anforderungen an Blattfilme
	10.84	2	Maße und Anforderungen an Verstärkungsfolien
6832			**Kassetten für medizinische Röntgenaufnahmen**
	03.79	1	Maße und Anforderungen
	07.80	2	Prüfung der Lichtdichtheit und Anpressung

DIN- und VDE-Vorschriften

DIN-Nr.	Ausgabe	Teil	Titel
6834			**Strahlenschutztüren für medizinisch genutzte Räume**
	09.73	1	Anforderungen
	09.73	2	Drehflügeltüren, einflügelig mit Richtzarge-Maße
	09.73	3	Drehflügeltüren, zweiflügelig mit Richtzarge-Maße
	09.73	4	Schiebetüren, einflügelig – Maße
	09.73	5	Schiebetüren, zweiflügelig – Maße
6836	04.63		Röntgenstrahler; Halterungen für medizinische Röntgenstrahlen-Anwendungsgeräte, Anschlußmaße
6838			**Medizinische Röntgen-Technik; Hochspannungs-steckverbindung**
	02.77	1	Maße, Anschlüsse und Kennzeichnung für dreipolige Ausführung
	08.78	2	Maße, Anschlüsse und Kennzeichnung für vierpolige Ausführung
6839	**09.77**		**Radiologische Technik; Bildzeichen; Übersicht**
6841	**05.79**		**Röntgen Strahlenschutz; Bleiglasscheiben**
6860			**Filmverarbeitung in der Radiologie**
	04.84	1	Doppelseitig begossene Filme für medizinische Röntgendiagnostik
6863			**Röntgenröhren und Röntgenröhren-Schutzgehäuse für medizinische Diagnostik**
	08.81	1	Elektrische, thermische und Belastungs-Kennwerte von Drehanoden-Röntgenröhren und von Röntgenstrahlern mit Drehanoden-Röntgenröhren
	08.81	2	Eigenfilterwert eines Röntgenstrahlers
	08.81	3	Kennzeichnung und Begleitpapiere
6867			**Bildregistrierendes System bestehend aus Röntgenfilm, Verstärkungsfolien und Kassetten zur Verwendung in der medizinischen Röntgendiagnostik**
	04.85	1	Bestimmung des mittleren Gradienten
6868			**Sicherung der Bildqualität in röntgendiagnostischen Betrieben**
	02.85	1	Allgemeines
	02.85	2	Filmverarbeitung, Konstanzprüfung der visuellen optischen Dichte
	07.85	3	Konstanzprüfung bei Direktradiographie
	02.85	4	Konstanzprüfung bei Durchleuchtung und Aufnahmen vom Ausgangsschirm des Röntgenbildverstärkers
6872			**Strahlenqualitäten für Messungen in der radiologischen Technik**
	11.83	1	Patientendurchlaß-Strahlung ohne Streustrahlenanteil in der Röntgendiagnostik

Anforderungsprofil*

Anwendungsklasse II

Aufnahmen des Skeletts, Nativaufnahmen des Bauchraumes, Aufnahmen des Harnapparates, Aufnahmen zur Lymphographie, Aufnahmen der Thoraxorgane bei Kindern bis zum sechsten Lebensjahr

Mindestausstattung

- 30 kW bei 100 kV am Sechs- oder Zwölfpuls-Generator oder äquivalente Welligkeit mit einer der Kurzzeitnennleistung des Generators entsprechenden Drehanodenröhre
- Brennfleck <2 mm Kantenlänge

Mindestanforderungen

- Belichtungsautomatik und Möglichkeit zur freien Wahl der Aufnahmedaten für Spezialeinstellungen
- Einrichtung zur Begrenzung des Nutzstrahlenbündels und zur Voranzeige des dem Untersuchungszweck angepaßten Strahleneintrittsfeldes
- Rasteraufnahmeeinrichtungen mit Streustrahlenlaufraster (bei mindestens 60 Linien/cm – bzw. 40 Linien/cm für Wirbelsäulenganzaufnahmen – genügt ein feststehendes Streustrahlenraster)
- Mindest-FFA 1 m, bei Thoraxorganen 1,5 m
- Aufnahmemöglichkeit im Stehen für Röntgenaufnahmen des Harnapparates

Anwendungsklasse III

Gesamte Röntgendiagnostik, ausgenommen arteriell-angiographische Röntenaufnahmen, Venographie des Körperstammes und Mammographie

Mindestausstattung

- 30 kW bei 100 kV am Sechs- oder Zwölfpuls-Generator oder äquivalente Welligkeit mit einer der Kurzzeitnennleistung des Generators entsprechenden Drehanodenröhre
- Brennfleck <2 mm Kantenlänge
- Einrichtung zur Röntgen-FS-Durchleuchtung mit automatischer Dosisleistungsregelung
- Caesiumjodid-Eingangsschirm und Auflösung von mindestens 2 Lp/mm über das gesamte Bildformat bei Aufzeichnungen vom Ausgangsschirm des RBV

Mindestanforderungen

- Belichtungsautomatik und Möglichkeit zur freien Wahl der Aufnahmedaten für Spezialeinstellungen
- Einrichtung zur Begrenzung des Nutzstrahlenbündels und zur Voranzeige des dem Untersuchungszweck angepaßten Strahleneintrittsfeldes
- Rasteraufnahmeeinrichtungen mit Streustrahlenlaufraster (bei mindestens 60 Linien/cm – bzw. 40 Linien/cm für Wirbelsäulenganzaufnahmen – genügt ein feststehendes Streustrahlenraster)
- Mindest-FFA von 1 m, bei Thoraxorganen 1,5 m
- stufenlose Umlegbarkeit des Durchleuchtungsgerätes bis zur Kopftieflage bei Untersuchungen des Verdauungstraktes
- Zielaufnahmegerät oder BV-Aufnahmesystem mit automatischer Umschaltung der Betriebsdaten der Röntgenröhre von der Durchleuchtung zur Aufnahme

Anwendungsklasse IV

Gesamte Röntgendiagnostik, ausgenommen Mammographie

Mindestausstattung

- 50 kW bei 100 kV am Sechs- oder Zwölfpuls-Generator oder äquivalente Welligkeit mit einer der Kurzzeitnennleistung des Generators entsprechenden Drehanodenröhre
- Brennfleck <1,5 mm Kantenlänge
- volle Ausnutzung der Generatornennleistung bei Zweiebenen-Simulatan-Serienangiographie auf beiden Röhren
- Einrichtung zur Anfertigung von Aufnahmen in zwei Ebenen bei demselben Kontrastmitteldurchfluß für cerebrale Angiographien
- Einrichtung zur Röntgen-FS-Durchleuchtung mit automatischer Dosisleistungsregelung
- Caesiumjodid-Eingangsschirm und Auflösung von mindestens 2 Lp/mm über das gesamte Bildformat bei Aufzeichnungen von Ausgangsschirmen des RBV

Mindestanforderungen

- Belichtungsautomatik und Möglichkeit zur freien Wahl der Aufnahmedaten für Spezialeinstellungen
- Einrichtung zur Begrenzung des Nutzstrahlenbündels
- Voranzeige des dem Untersuchungszweck angepaßten Strahleneintrittsfeldes

* gemäß den Richtlinien der Kassenärztlichen Bundesvereinigung vom 10.12.1983; vgl. Fachverband Elektromedizinische und Strahlentechnische Geräte (Hrsg.), a. a. O.

Anforderungsprofil*

- Rasteraufnahmeeinrichtungen mit Streustrahlenlaufraster (bei mindestens 60 Linien/cm – bzw. 40 Linien/cm für Wirbelsäulenganzaufnahmen – genügt ein feststehendes Streustrahlenraster
- Mindest-FFA 1 m, bei Thoraxorganen 1,5 m
- stufenlose Umlegbarkeit bis zur Kopftieflage bei Verdauungstraktaufnahmen
- Zielaufnahmegerät oder BV-Aufnahmesystem mit automatischer Umschaltung von der Durchleuchtung zur Aufnahme
- automatischer Film- oder Kassettenwechsler oder BV-Aufnahmesystem für Serienaufnahmen bzw. Kinematographie-Einrichtung

* gemäß den Richtlinien der Kassenärztlichen Bundesvereinigung vom 10.12.1983; vgl. Fachverband Elektromedizinische und Strahlentechnische Geräte (Hrsg.), a. a. O.

Anwendungsklasse VII

Mammographie

Mindestausstattung

- 1 kW bei 30 kV
- Kantenlänge des Brennflecks höchstens 1/500 x FFA
- Spannung mindestens von 25 bis 35 kV regelbar

Mindestanforderungen

- Belichtungsautomatik und freie Wahl der Aufnahmedaten für Spezialeinstellungen
- Spezialtubus zur Mammographie mit exzentrischer Begrenzung des Nutzstrahlenbündels
- Gesamtfilterung <1 mm AlGW
- Streustrahlenraster bei Verwendung von Film-Folien-Kombinationen

Literaturverzeichnis

Angerstein, W., Gursky; S., u. a. (Hrsg.): Grundlagen der Strahlenphysik und radiologischen Technik in der Medizin; 3. Auflage, Leipzig 1982.

Angerstein; W. (Hrsg.): Lexikon der radiologischen Technik in der Medizin; 3. Auflage, Stuttgart 1979.

Braun; H.; Kossel, F. u. a. (Hrsg.): Information über die Röntgenverordnung; Strahlenschutz in Forschung und Praxis Bd. XIV; Stuttgart 1974.

Bronder, Th.; Jakschik, J. u. a.: Vorschlag für die Zustandsprüfung an Röntgenaufnahmeeinrichtungen im Rahmen der Qualitätssicherung in der Röntgendiagnostik; PTB-Bericht MM – 3, DGMP-Bericht Nr.3; Hrsg.: Physikalisch-Technische Bundesanstalt, Institut Berlin Medizinische Meßtechnik u. a.; Berlin 1985.

Bundesgesundheitsamt Berlin (Hrsg.): Empfehlungen zu Röntgenuntersuchungen; in: Münchener Ärztliche Anzeigen; 1979; S. 13 ff.

Bundesgesundheitsamt Berlin (Hrsg.): Schutz gegen ionisierende Strahlung aus äußeren Quellen; Daten zum Schutz gegen ionisierende Strahlung aus äußeren Quellen; Veröffentlichungen der Internationalen Strahlenschutzkommission; ICRP Heft 15 und 21; Stuttgart 1976.

Bundesgesundheitsamt Berlin (Hrsg.): Strahlenschutz; Schutz des Patienten in der Röntgendiagnostik; Veröffentlichungen der Internationalen Strahlenschutzkommission; ICRP Heft 16; Stuttgart 1974.

Dietz, K.: Die Röntgenröhre im diagnostischen Einsatz; in: Röntgen-Berichte Bd. 3; 1974; 1. Teil S. 121 ff., 2. Teil S. 211 ff.

Fachverband Elektromedizinische und Strahlentechnische Geräte (Hrsg.): Listen A und B der Röntgeneinrichtungen, Stand: 1.Juli 1984; Aufgestellt nach den Richtlinien der Kassenärztlichen Bundesvereinigung vom 10.Dezember 1983; Zentralverband der Elektrotechnischen Industrie e.V.; Frankfurt/Main 1984.

Felix, R.; Ramm, B.: Das Röntgenbild; 2. Auflage, Stuttgart 1982.

Gajewski, H.; Frommhold, W. u. a. (Hrsg.): Medizinische Röntgentechnik für Unterricht und Praxis Bd. I; Physikalische und technische Grundlagen; 4. Auflage, Stuttgart 1979.

Geldner, E.: Elektrische, thermische und Belastungs-Kennwerte von Drehanodenröntgenröhren; in: Electromedica 1; 1981; S. 14 ff.

Geldner, E.:IEC-Publikation 336; Neufassung der Norm für Röntgenbrennflecke; in: Electromedica 1; 1982; S. 6 ff.

Hoxter, E. A.: Röntgenaufnahmetechnik; Grundlagen, Anwendungen; 13. Auflage, Berlin, München 1982.

Krause, R. A.; Wolf, M.: Fahrbare und fest installierte (chirurgische) Röntgen-Durchleuchtungsgeräte; Anforderungen, Angebot, Wirtschaftlichkeit, Technik; Medizintechnik im Krankenhaus Bd. 8; Hrsg.: Motzkus, B. u. a.; Köln, Berlin 1983.

Krause, R.; Maßwig, I. u. a.: Fahrbare Röntgen-Aufnahmegeräte; Medizintechnik in Krankenhaus und Praxis Bd. 2; Hrsg.: Motzkus, B. u. a.; Berlin, New York 1984; S. 47.

Krestel, E.: Bildgebende Systeme für die medizinische Diagnostik; Berlin, München 1980.

Kuntke, A. H. G.: Untersuchungen über die Änderung der Röntgenstrahlenausbeute an Drehanoden-Röntgenröhren; in: Fortschrittliche Röntgenstrahlen 87; 1957; S. 397.

Kyser, K; Mohrand, H. u. a.: Ein Beitrag des Röntgenstrahlers zur Qualitätsverbesserung der Röntgenaufnahme; in: Röntgenstrahlen 44; 1980; S. 20 ff.

Laubenberger, T.: Leitfaden der medizinischen Röntgentechnik; Köln 1980.

Maurer, H-J.; Zieler, E. (Hrsg.): Physik der bildgebenden Verfahren in der Medizin; Berlin, New York 1984.

Motzkus, B.; Wolf, M. u. a. (Hrsg.): Medizintechnik im Krankenhaus Bd. 1; Allgemeiner Überblick; 2. Auflage, Köln, Berlin 1981.

Oosterkomp, W. J.: Die Entwicklung der Röntgenröhre; in: Röntgenpraxis Heft 11; S. 252 ff.

Poppe, H.: Technik der Röntgendiagnostik; Stuttgart 1961.

Schreiber, P.: Über die Wärmespeicherfähigkeit und die Abstrahlfähigkeit von Drehanoden in Hochleistungsröhren; in: Computertomographie Sonographie 3; 1983; S. 101 ff.

Spiegler, G.: Physikalische Grundlagen der Röntgendiagnostik; Stuttgart 1957.

Stargardt, A.; Wolf, M. u. a.: Die Bedeutung der Brennfleckabmessung für die Abbildungsgüte bei Röntgenbildern; in: Radiologische Diagnostik 3; 1976; S. 435 ff.

Vieten, H.; Diethelm, L. u. a. (Hrsg.): Handbuch der medizinischen Radiologie Bd. I/1; Physikalische Grundlagen und Technik; Berlin, New York 1968.

Vieten, H.; Diethelm, L. u. a. (Hrsg.): Handbuch der medizinischen Radiologie Bd. I/2; Physikalische Grundlagen und Technik; Berlin, New York 1965.

Zieler E.: Röntgen-Diagnostikröhren; in: Der Radiologe 2, Heft 12; 1962; S. 446 ff.

Zieler E.: Röntgenröhren für die Diagnostik; in: Radiologische Diagnostik 4; 1974; S. 506 ff.

Zieler E.: Über die Alterung von Drehanodenröhren; in: Röntgenblätter 15; 1962; S. 153 ff.

Anbieterverzeichnis

CGR Koch & Sterzel

CGR Koch & Sterzel
GmbH & Co.
Postfach 10 21 52
4300 Essen 1
Tel.: (0201) 2 01 81

in Berlin:
CGR Koch & Sterzel
GmbH & Co.
Kurfürstenstraße 84
1000 Berlin 30
Tel.: (030) 2 62 20 57

C.H.F. Müller

C.H.F. Müller
Unternehmensbereich der
Philips GmbH
Medizintechnische Systeme
Postfach 10 46 40
Alexanderstr. 1
2000 Hamburg 1
Tel.: (040) 59 19 61

in Berlin:
C.H.F. Müller
Unternehmensbereich der
Philips GmbH
Martin-Luther-Str. 3
1000 Berlin 30
Tel.: (030) 21 06 - 2 01

Comet

Comet GmbH
Ackerstr. 79
4000 Düsseldorf 1
Tel.: (0211) 68 25 88

Fritz Hofmann

Fritz Hofmann GmbH
Hofmannstr. 30
8520 Erlangen
Tel.: (0 91 31) 2 10 21/22

General Electric

General Electric
Medical Systems Abteilung
Germany
Praunheimer Landstr. 50
Postfach 29 63
6000 Frankfurt/Main
Tel.: (0611) 7 60 71

Nagel & Goller

Nagel & Goller
Grasweg 48
Postfach 3424
2300 Kiel
Tel.: (0431) 54 20 40

Picker International

Picker International GmbH
Postfach 12 29
4992 Espelkamp
Tel.: (0 57 72) 5 61 - 0

in Berlin:
Picker International GmbH
Kantstraße 162
1000 Berlin 12
Tel.: (030) 8 81 89 26

Siemens

Siemens AG
Bereich Medizinische
Technik
Postfach 32 60
8520 Erlangen
Tel.: (0 91 31) 84 - 1

in Berlin:
Siemens AG
Geschäftsstelle für
Medizinische Technik
Postfach 11 05 60
1000 Berlin 10
Tel.: (030) 39 39 - 1

tkb Informationsdienst

Die in diesem Band vom Technischen Krankenhausservice- und Beratungsinstitut erarbeiteten Entscheidungshilfen sollen einen Dialog zwischen allen am Entscheidungsprozeß Beteiligten ermöglichen. Sie bedürfen naturgemäß einer ständigen Fortschreibung und Aktualisierung, um laufende Änderungen des Marktangebots aufzugreifen und Erfahrungen des praktischen Einsatzes der vorgestellten medizintechnischen Geräte zu berücksichtigen. Nur auf diese Weise läßt sich garantieren, daß die Schriftenreihe „Medizintechnik, Informationstechnik, Ökonomie in Krankenhaus und Praxis" zielgerechte und praxisnahe Informationen für Planung und Betrieb medizintechnischer Geräte bietet; infolgedessen ist zu gegebener Zeit eine Neuauflage dieses Berichts erforderlich.

Daher sind wir dankbar, wenn wir in unserer Arbeit durch Ergänzungen und Anregungen unterstützt werden. Bitte senden Sie hierzu unter genauer Angabe Ihrer Adresse das ausgefüllte Formblatt an unten vorgedruckte Anschrift oder rufen Sie uns an (Telefon: 030/26006-552).

- ✂

Aktuelle Informationen zum derzeitigen Marktangebot: ____________________

____

____

Wunsch nach Veröffentlichungen über: ____________________

____

____

Fragen und Anregungen zu Band 5: ____________________

____

____

tkb
Technisches Krankenhausservice- und Beratungsinstitut
Facheinheit der GSD mbH
Stauffenbergstr. 13-14
D-1000 Berlin 30

Name: ____________________

Krankenhaus: ____________________

Abt./Station: ____________________

Adresse: ____________________

____

Telefon: ____________________

Medizintechnik in Krankenhaus und Praxis

Die Schriftenreihe Medizintechnik in Krankenhaus und Praxis veröffentlicht in regelmäßiger Folge Geräte- und Systemvergleiche als Hilfen für Investitionsentscheidungen im Krankenhaus und in der Praxis niedergelassener Ärzte.

Die Zusammenstellung technischer Kenndaten medizinischer Geräte, vergleichende Leistungs- und Funktionstests sowie die Erprobung der Geräte im klinischen Einsatz bilden die Voraussetzung, um im Dialog aller Beteiligten eine praxisorientierte, der jeweiligen Einsatzsituation angepaßte Investitionslösung zu wählen.

Band 1 **Infusionsapparate · Testergebnisse**
Band 2 **Fahrbare Röntgenaufnahmegeräte**
Band 3 **Ein- und Dreikanal-Elektrokardiographen**
Band 4 **Röntgen-Generatoren**
Band 5 **Atmungsgeräte**
Band 6 **Ultraschallgeräte**
Band 7 **Übersichtsbericht „Planungshilfe Röntgenabteilungen"**
Band 8 **Blutzellzählgeräte**
Band 9 **Sechs-Kanal-EKG-Apparate**
Band 10 **Dialyseapparate**
(Änderungen der Reihenfolge vorbehalten)

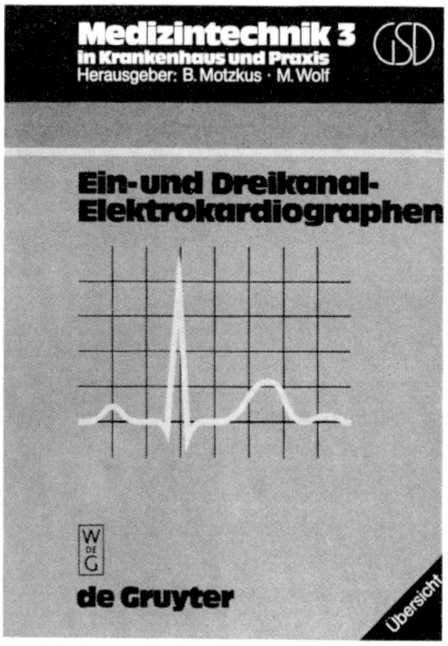

de Gruyter

FSC
www.fsc.org
MIX
Papier | Fördert gute Waldnutzung
FSC® C083411

Zeitfracht Medien GmbH
Ferdinand-Jühlke-Straße 7
99095 Erfurt, Deutschland
produktsicherheit@kolibri360.de